科学出版社"十四五"普通高等教育本科规划教材

组 合 数 学

钱建国 罗元勋 编著

科学出版社

北 京

内 容 简 介

　　本书介绍组合计数最基本的理论和方法, 内容包括: 排列与组合、母函数、容斥原理、递推关系和波利亚计数理论及应用. 内容编排采用相对传统的方式, 同时注重各章节之间的关联、近年来新问题新方法的融入及其在图论中的应用. 绪论部分介绍了组合数学发展历程中四个经典的问题, 附录部分列出了一些经典的组合数和恒等式, 供读者进一步了解.

　　本书可作为数学专业及理工、经管类专业本科生教材, 也可作为相关学科研究生学习和研究的参考书.

图书在版编目(CIP)数据

　　组合数学/钱建国, 罗元勋编著. —北京: 科学出版社, 2023.6
科学出版社"十四五"普通高等教育本科规划教材
　ISBN 978-7-03-074631-3

　Ⅰ. ①组⋯　Ⅱ. ①钱⋯　②罗⋯　Ⅲ. ①组合数学-高等学校-教材
Ⅳ. ①O157

　　中国国家版本馆 CIP 数据核字(2023) 第 013212 号

责任编辑: 张中兴　梁　清　贾晓瑞/责任校对: 杨聪敏
责任印制: 赵　博/封面设计: 无极书装

科 学 出 版 社 出版

北京东黄城根北街 16 号
邮政编码: 100717
http://www.sciencep.com

北京富资园科技发展有限公司印刷
科学出版社发行　各地新华书店经销

*

2023 年 6 月第 一 版　开本: 720×1000　1/16
2024 年 8 月第三次印刷　印张: 11
字数: 222 000

定价: 49.00 元
(如有印装质量问题, 我社负责调换)

前 言

较之于其他数学课程, 组合数学最显著的特点是: 问题本身浅显通俗, 但思想方法却千变万化、深浅不一. 如何在有限的课时内让学生掌握组合数学的基本思想和方法是我们在多年的教学实践中一直思考的问题. 对此, 我们尝试在教学理念上, 侧重数学素养和能力的培养, 淡化过于刻意的解题技巧; 在教学方式上, 以课堂讲授为导引, 激励学生自主探索; 在内容设置上, 注重知识和方法的系统性、通识性和延展性, 由浅入深、循序渐进. 为此, 我们编写了组合数学计数理论部分的课程讲义. 从 2015 年起, 自编讲义已在厦门大学连续试用七年, 在塔里木大学试用一年, 效果较好, 适用面较广.

针对本科生的特点, 讲义在语言叙述上力求通俗易懂, 尽可能让读者感到亲切; 同时, 讲义还体现了以下几个方面的特点.

(1) 以问题导向为主线, 以知识的系统性和思想方法的循序渐进性为立足点. 例如, 在绪论的前半部分介绍了组合数学发展历程中几个经典的问题, 使学生在大致了解组合数学的同时, 也能体会到数学的趣味和数学家的魅力; 在内容介绍部分以通俗易懂的 17 个装盒问题为导引, 将学习内容系统地整合为一个几乎贯穿全课程的标本, 以此激发学生的学习兴趣. 学生在整个学习过程中可以不断回归问题本质、逐步掌握组合数学的思想方法.

(2) 在有限的课时内, 对每一个知识点和思想方法力求讲透其基本内涵和思想原理. 以此为基础, 在课堂教学中实时设置了若干思考题, 引导学生进一步思考和讨论.

(3) 注重素质教育, 在绪论部分融入了一些数学文化和中国元素, 在每一章的最后设置一个小课题, 使学生通过课题研究提高独立思考和运用课程所学知识解决实际问题的能力. 如 "厦门中秋博饼" 小课题, 学生通过查阅历史资料, 从文化的视角了解这一民俗从 "状元筹" 到 "厦门中秋博饼" 的历史渊源, 再从组合数学的视角审视它的数学魅力, 取得了不错的效果.

本书在自编讲义的基础上补充完善而成, 是国家一流本科课程离散数学的配套教材之一，主要包括组合计数的基本理论和方法，可作为高校本科数学专业及理工、经管类专业有关课程的教材或教学参考书，也可作为研究生学习和研究的参考书，学时建议 36～54 课时. 在内容编排上采用相对传统的方式，内容包括：排列与组合、母函数、容斥原理、递推关系和波利亚计数理论及应用，同时注重各章节之间的关联和近年新问题、新方法的融入. 本书标记为 * 的部分为选学内容，可根据授课专业及学时情况选修. 在课堂讲授的内容中穿插了若干随堂思考题，鼓励学生在课堂上对所讲内容做进一步思考和随堂交流. 习题和思考题中标记为 ⋆ 的部分难度相对较大，可酌情选做. 每一章最后均设置了一个小课题，学生可根据兴趣单独或几人一组选做. 附录部分列出了一些经典的组合数和恒等式，可作为进一步了解和延伸学习的内容.

本书在编写过程中得到了厦门大学数学科学学院的有力支持，许多理念得以在教学实践中充分检验. 感谢出版过程中张中兴、梁清两位编辑的帮助和辛勤劳动. 特别感谢温州大学叶永南教授对本书所提的建设性建议. 本书在编写过程中还得到了厦门大学张福基、金贤安、靳宇，闽南师范大学吴晓霞，集美大学晏卫根、陈海燕和林丽双，福建师范大学张胜元等教授的建议和帮助，在此一并致谢！本书难免有一些不足之处，欢迎批评指正.

作 者

2022 年 6 月

目　录

第 0 章

绪　论

0.1　组合数学简介

组合数学 (combinatorics), 亦称组合论、组合学, 是数学最古老的分支之一. 主要研究满足一定条件的组合模型 "是否存在"、"有多少"、" 如何构造" 以及 "哪一个最好" 等方面的问题. 从广义上说, 组合数学主要包括组合计数 (combinatorial enumeration)、组合设计 (combinatorial design)、组合优化 (combinatorial optimization) 及图论 (graph theory) 等内容.

组合数学可追溯到我国遥远的上古时期. 据传, 伏羲创立八卦. 伏羲八卦中蕴含 "天人谐和" 的整体性、直观性的思维方式和辩证法思想. 先秦时期的典籍《周易》对此作了较详细的记载. 书中通过阴阳卦爻 (yáo) 预言吉凶, "▬▬▬" 是阳爻, "▭ ▭" 是阴爻. 阳爻和阴爻称为 "两仪"; 每次取两个, 按不同顺序排列, 生成 "四象"; 每次取三个, 生成八卦; 每次取六个, 则生成六十四卦. 两仪、四象、八卦和六十四卦的排列相当于组合数学中的可重排列: 从两种元素中可重复地取 k 个排列, 共有 2^k 种方法. 因此,《周易》的基本思想就是通过不断 "变化" 的方法来认知现实和未知世界, 其英文名称据此意译为 *The Book of Changes*. 相传, 德国数学家莱布尼茨 (G.W. Leibniz) 看到传教士带回的宋代学者重新编排的《周易》八卦, 发现它可以用二进制来解释. 二进制催生了计算机的发明, 并促进了现代科技的飞跃发展. 若把▬▬▬和▭ ▭两种卦爻表示为 1 和 0, 则八卦就可表示为 000 (坤), 001 (震), 010 (坎), 011 (兑), 100 (艮), 101 (离), 110 (巽), 111 (乾), 如下.

进入 17 世纪以来, 组合数学得到了系统的研究, 发展出了丰富多彩的思想方法和理论工具, 也产生了诸多组合数学大师. 限于篇幅, 在这里我们选取几个具有代表性的组合数学问题, 涉及组合计数、组合设计、组合优化及图论等领域. 尽管这些只是很小的一部分, 从中仍然能让我们欣赏到组合数学之美, 感受到数学大师之魅力.

帕斯卡三角 (Pascal triangle)

在组合计数理论中, 排列数与组合数是两个最基本的研究对象. 八卦所涉及的排列数是人类研究最早的组合计数问题. 而帕斯卡三角则是系统地研究组合数的一个经典模型. 帕斯卡 (B. Pascal, 1623~1662) 在 1653 年发现组合数可以用一个三角形数表完美地呈现出来, 并系统地研究了这个数表的性质及其在概率中的应用, 成果写入他的《算术三角形》(*Traité du Triangle Arithmétique*) 一书中. 1708 年, P. R. de Montmour 称这个数表为 "Table de M. Pascal pourles combinaisons". 随后在 1730 年, A. de Moivre 称之为 "Triangle Arithmeticum PASCALIANUM", 帕斯卡三角因此得名. 事实上, 在帕斯卡之前, 许多数学家也已发现了这个数表. 10 世纪, Halayudha 撰写的印度教典籍《Pingala 的计量圣典》(*chandahśāstra*) 提到最早发现这个数表的是古印度数学家 Pingala (约公元前 2 世纪), 并称它为 "须弥山之梯" (Meru-prastaara). 其他的还有 J. de Nemore 的著作《算术》(*De arithmetica*, 1225 年), N. al-D al-Tūsī 的书 (*Handbook of Arithmetic Using Chalk and Dust*, 1265 年), al-Kāshī 《算术之钥》(*Miftāh al-hisāb*, 1427 年) 以及 P. Apianus 在 1527 年出版的算术书 (把数表印在书的封面上).

在中国, 南宋数学家杨辉 (字谦光, 杭州人) 在 1261 年所著的《详解九章算法》一书中也辑录了这个数表, 称之为 "开方作法本源图", 并说明此表引自 11 世纪中叶 (约 1050 年) 贾宪的《释锁算术》. 因此, 帕斯卡三角在中国又被称为 "杨辉三角" 或 "贾宪三角". 帕斯卡的发现比杨辉要迟约 400 年, 比贾宪迟约 600 年 (只可惜贾宪的著作已失传). 21 世纪以来国外也逐渐承认这项成果属于中国, 所以有些书上称这是 "中国三角"(Chinese triangle). 元朝数学家朱世杰在《四元玉鉴》(1303 年) 一书中把 "贾宪三角" 的五层扩充为七层, 称为 "古法七乘方图", 如图 0.1.

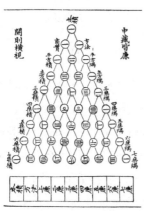 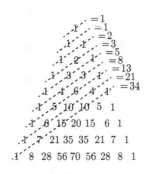

图 0.1　古法七乘方图 (左) 和以现代方式呈现的杨辉三角 (右)

杨辉三角最直接的意义是以递推的方式给出了所有的组合数 (二项式系数), 即: 表中的第 i 行 (最上一行定义为第 0 行) 第 j 个数为从 i 个物中取出 j 个的组合数, 每一个数等于它上一行两个相近数之和. 从理论上说, 任何涉及组合数的性质均可在杨辉三角中找到. 最直观的方式是观察它的行, 我们会发现许多奇妙的性质. 例如, 它的第 n 行是众所周知的 n 次二项式系数, 其各数之和等于 2^n; 而第 n 行各数的平方和则等于第 $2n$ 行最中间的数; 若第 n 行的第二个数是一个素数, 则该行除了 1 以外的所有数都是该素数的倍数; 若 k 是把 n 表示为二进制数后 1 的个数, 则第 n 行中奇数的个数恰好等于 2^k.

除了行, 我们还可以观察它的列. 若把最左边所有 1 视作第一列的话, 则该列 $1, 1, 1, \cdots$ 是一个公差为 0 的数列; 第二列则为所有自然数 $1, 2, 3, \cdots$, 是一个公差为 1 的数列; 而第三列为 $1, 3, 6, 10, 15, 21, 28, \cdots$, 尽管它本身不是一个等差数列, 但它的相继两数之差 (后数减前数) 所成的数列 $2, 3, 4, 5, 6, 7, \cdots$ 恰好是一个公差为 1 的数列, 这样的数列也称为**二阶等差数列**. 进一步地, 第三列中相继两个数之和所成的数列为 $4, 9, 16, 25, 36, 49, \cdots$, 它恰好是数列 $2, 3, 4, 5, 6, 7, \cdots$ 的平方. 若把列的 “角度” 再稍微调一下, 如图 0.1 (右) 所示, 则每一列各数之和所成的数列 $1, 1, 2, 3, 5, 8, 13, 21, 34, \cdots$ 恰好是经典的**斐波那契数列** (每一个数是它前两个数之和).

以上所列仅是杨辉三角诸多奇妙性质的冰山一角. 此外, 杨辉三角也有很多的应用. 帕斯卡运用它解决一些概率论上的问题. 在中国古代, 杨辉三角的一个经典应用则是开方运算, 这一方法仍然是今天计算数的开方的基础.

科克曼女生问题 (Kirkman's schoolgirl problem)

1847 年, 英国科克曼 (T. P. Kirkman, 1806~1895) 发表题为 "组合中的一个问题" (*On a problem in combinations*) 的文章, 提出了 15 个女生散步的问题: 老师每天要带领 15 个女生按三人一组分成五组出去散步. 问能否安排出一个连续散步七天的分组计划, 使得任意两个女生在七天所分成的 35 个小组里被分到同一组恰好一次. 科克曼自己给出了一个肯定的答案, 如表 0.1. 后来发现, 科克曼给出的解并不是这一问题的唯一答案. 英国数学家西尔维斯特 (J. J. Sylvester) 对这一问题也有研究.

表 0.1

星期日	$\{1, 2, 3\}$	$\{4, 8, 12\}$	$\{5, 10, 15\}$	$\{6, 11, 13\}$	$\{7, 9, 14\}$
星期一	$\{1, 4, 5\}$	$\{2, 8, 10\}$	$\{3, 13, 14\}$	$\{6, 9, 15\}$	$\{7, 11, 12\}$
星期二	$\{1, 6, 7\}$	$\{2, 9, 11\}$	$\{3, 12, 15\}$	$\{4, 10, 14\}$	$\{5, 8, 13\}$
星期三	$\{1, 8, 9\}$	$\{2, 12, 14\}$	$\{3, 5, 6\}$	$\{4, 11, 15\}$	$\{7, 10, 13\}$
星期四	$\{1, 10, 11\}$	$\{2, 13, 15\}$	$\{3, 4, 7\}$	$\{5, 9, 12\}$	$\{6, 8, 14\}$
星期五	$\{1, 12, 13\}$	$\{2, 4, 6\}$	$\{3, 9, 10\}$	$\{5, 11, 14\}$	$\{7, 8, 15\}$
星期六	$\{1, 14, 15\}$	$\{2, 5, 7\}$	$\{3, 8, 11\}$	$\{4, 9, 13\}$	$\{6, 10, 12\}$

科克曼提出的这一问题在当时并未引起太多的重视. 直到 1853 年, 几何学家斯坦纳 (J. Steiner) 在研究四次曲线的切线问题时再次提出了这一组合问题, 并指出: 对任意的女生数目 n, 这种三人分组方案存在的必要条件是 $n \equiv 1, 3 \pmod 6$ (这里仅考虑总的分组, 不考虑每天的安排). 由此, 这样的三人分组方案才引起学者的注意并被称为**斯坦纳三元系** (Steiner triple system). 对任意的正整数 n, 斯坦纳三元系 $S(n)$ 定义为由一个 n 元集 N 的若干三元子集构成的子集族, 满足: N 中的任意两个元素都恰好属于一个三元集. 不难计算, 若 $S(n)$ 存在, 则它由 $n(n-1)/6$ 个三元子集构成. 1859 年, 赖斯 (M. Reiss) 证明 $n \equiv 1, 3 \pmod 6$ 也是斯坦纳三元系存在的充分条件. 而对应于女生问题的**科克曼三元系**则在斯坦纳三元系的基础上进一步要求把所有 $n(n-1)/6$ 个三元子集再分解成 $(n-1)/2$ 个大组, 每个大组有 $n/3$ 个三元集 (对应于每一天), 使得每一个元素在任何大组中出现且仅出现一次. 不难证明科克曼三元系存在的必要条件是 $n \equiv 3 \pmod 6$, 但其

充分性的证明却异常困难, 直到 1971 年才由雷·乔德里 (D. K. Ray-Chaudhuri) 及威尔森 (R. M. Wilson) 证明. 事实上, 这一结果早在 1961 年就由中国数学家陆家羲证得, 只因投稿未登而终生遗憾. 至此, 科克曼女生问题, 亦即科克曼三元系的存在性问题得到完全解决. 用现代术语来说, 科克曼女生问题是一个可分解的平衡不完全区组设计 RB(3, 1, n).

1893 年, 西尔维斯特对科克曼女生问题又提出了一个更进一步的问题: 能否给出一个连续 13 周的分组计划, 使得不但每一周的安排都符合原来的要求, 还要求任意 3 名女生在全部 13 周内恰有一天排在同一组? 这一问题后来被称为西尔维斯特问题, 并由此引出了组合设计的科克曼**三元系大集**问题: 对任意满足 $n \equiv 3$ (mod 6) 且大于 7 的正整数 n, 是否都有 $Dk(n) = n - 2$ 个两两不交的科克曼三元系 (即任意两个三元系都不含相同的三元集)? 斯坦纳三元系大集问题 $D(n)$ 相应地定义, 其存在性的条件为 $n \equiv 1, 3$ (mod 6). 之所以要求 $n > 7$ 是因为早在 1850 年英国数学家凯莱 (A. Cayley) 已证明 $Dk(7) \neq 5$, 而科克曼证明了 $Dk(9) = 7$. 三元系大集问题是极其困难的, 直到 1976 年, 数学家才取得了当 $7 < n \leqslant 205$ 时的部分结果.

正当大家认为两个三元系大集问题的解决还遥遥无期的时候, 组合数学国际权威期刊《组合论杂志》A 辑在 1981 年 9 月至 1983 年 4 月间连续收到了陆家羲的六篇论文, 基本上解决了斯坦纳三元系的大集问题. 该杂志分别在 1983 和 1984 年的两期上以 99 个版面的惊人篇幅连载了陆家羲的成果 "论不相交的斯坦纳三元系大集"(*On large sets of disjoint Steiner triple systems*), 成果证明了如下结论: 若 $n \equiv 1, 3$ (mod 6), $n > 7$ 且 $n \notin \{141, 283, 501, 789, 1501, 2365\}$, 则 $D(n) = n - 2$. 这一成果被誉为是 20 世纪组合学领域的重大成就之一. 可惜陆家羲因积劳成疾而英年早逝, 未来得及补全那遗留的六个数. 在他的遗稿中人们发现了为解决这六个数而撰写的提纲. 陆家羲去世后不久,《人民日报》、《光明日报》及《内蒙古日报》等刊文《拼搏二十年, 耗尽毕生心血, 中学教师陆家羲攻克世界数学难题 "斯坦纳系列"》. 1989 年 3 月, 陆家羲的成果获国家自然科学奖一等奖.

然而, 科克曼三元系大集问题则更为困难. 1974 年, 美国数学家丹尼斯顿 (R. H. Denniston) 借助计算机也仅证明了 $Dk(15) = 13$.

中国邮递员问题 (Chinese postman problem)

在数学史上, 以 "中国" 命名的问题或定理并不多. 其中较广为人知的一个就是 "中国剩余定理" (Chinese remainder theorem), 它在 1000 多年前出现在《孙子算经》中, 故也称 "孙子剩余定理". 而 "中国邮递员问题" 则是现代数学以中国命名的一个问题, 已成为组合优化理论的经典问题之一, 简称 CPP. 该问题是由我国数学家管梅谷教授于 1960 年左右 "在济南的一家邮局搞线性规划时" 所发现, 即: 一个邮递员每次上班, 要走遍他所负责送信的所有街道最后回到邮局. 问: 应该怎样走才能使所走的路程最短, 如图 0.2 (a).

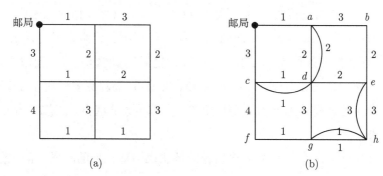

图 0.2 线条表示街道, 数字表示街道的长度, 弧线表示虚拟街道

由于送信的目标是街道上具体的每一个 "投送点", 这一问题初看起来就是著名的**旅行售货员问题** (travelling salesman problem) 或**货郎担问题**, 简称 TSP. 以邮递员问题为模型, TSP 可描述为: 一个邮递员每次上班, 要走遍他所负责的所有投送点最后回到邮局, 问: 应该怎样走才能使所走的路程最短? 遗憾的是 TSP 是 NP-困难的, 它没有好的解法 (多项式算法). 而另一方面, 每一个邮递员一次要送 200~300 封的邮件, 因而从实际计算的角度是不可能求出最优解的.

由此产生了一个非常有趣的疑问: 邮递员是如何来计算这个问题的? 深入调查后发现, 邮递员并不关心每一个投送点的顺序, 而是按街道来计算的, 即把所有街道排一个送邮件的顺序, 且这种方法以师傅带徒弟的方式不断优化, 一代一代传了下来. 令人惊奇的是, 邮递员每次按照他们的算法所给出的投递方案几乎都是最优的. 事实上, "投送点" 和 "街道" 这一看似不经意的差别却让问题发生了本质性的翻转: 由原来的遍历每一个 "点" 的问题变为了遍历每一条 "线" 的问题,也因此与著名的欧拉环游问题发生了关联. 欧拉环游问题通俗地描述就是经典的数学游戏**一笔画**问题, 它来源于欧拉提出的哥尼斯堡七桥问题. 所谓一笔画是指在图形上的某一点下笔, 将图形笔不离纸画出来, 要求每条线经过且只经过一次最后回到出发点. 因此, 如果邮递员问题的街道图在邮局点下笔可以一笔画, 则它显然对应一个最优走法. 欧拉在提出哥尼斯堡七桥问题时给出了一笔画的充要条件, 即: 它的每一个节点所连出去的线的数目均为偶数, 这样的图也称为**欧拉图**. 因此, 图 0.2(a) 无法做到一笔画. 这意味着一定有一些街道要重复走. 而要重复走的街道则等价于给它加一条虚拟的且长度和原街道相同的街道. 因此, 邮递员问题等价于如何加一些虚拟的街道使得到的图形是一个欧拉图且所加虚拟街道的总长度尽可能短, 图 0.2(b) 给出了图 0.2(a) 的这样一个方案, 因而可一笔画. 任取图 0.2(b) 的一个一笔画, 如下:

邮局 $\to a \to d \to c \to f \to g \to h \to e \to b \to a \to d \to e \to h \to g \to d \to c \to$ 邮局

这个最优走法的长度就是所有街道 (含虚拟街道) 的长度之和, 即 33.

注意到图 0.2(b) 所加的虚拟街道实际上是将所有与奇数条街道相连的节点 (也称**奇度点**) 一对一配好, 再根据每一对节点之间的最短路来加虚拟街道的, 即: a 与 c 配对, e 与 g 配对; 所选的最短路分别是 $a \to d \to c$ 和 $e \to h \to g$. 管梅谷将这一方法概括为 "奇偶点图上作业法" 并于 1960 年发表在《数学学报》上. 1965 年, 组合优化专家埃德蒙兹 (J. Edmonds) 发表了 "The Chinese Postman Problem" 一文介绍管梅谷提出的问题, CPP 因此得名. 从计算的角度, CPP 有三个核心问题, 即: 如何确定任意两个奇度点之间的最短路? 如何对奇度点进行配对? 如何在欧拉图中找一个一笔画? 第一个问题的好算法由迪杰斯特拉 (E. W. Dijkstra) 于 1959 年给出, 即经典的最短路算法; 第二个问题的好算法由埃德蒙兹给出, 即最小权匹配算法; 而第三个问题的好算法则由 Fleury 早在 1921 给出. 基于这三个算法, 埃德蒙兹在 1973 年完整地给出了 CPP 的好算法. 至此, 中国邮递员问题得到了完全解决.

此后, 中国邮递员问题从实际应用的角度又衍生出了许多扩展问题. 在信息时代, 特别是物联网迅速发展的今天, 这些问题无疑将发挥重要的作用. 可以这样说, 中国邮递员问题是来自于生产实践的诸多数学问题中的一个典型代表, 充分彰显了 "从实践中来, 到实践中去" 以及今天我们所倡导的 "以问题为导向" 的科研驱动力.

四色问题 (four color problem)

四色猜想与费马大定理、哥德巴赫猜想一起, 被誉为世界近代三大数学难题, 也是一个充满故事的数学传奇. 1852 年, 刚毕业于伦敦大学的格思里 (F. Guthrie) 来到一家科研单位从事地图着色工作时发现了一个有趣的现象: "每幅地图都可以用四种颜色着色, 使得有共同边界的国家着不同的颜色." 这个结论能不能从数学上加以严格证明呢? 他和在大学读书的弟弟决心试一试. 兄弟二人为证明这一问题而使用的稿纸已经堆了一大沓, 可是研究工作没有进展. 无奈, 他的弟弟就这个问题请教他的老师, 著名数学家德摩根 (A. De Morgan). 德摩根也无法证明这个问题, 于是写信向自己的好友、著名数学家哈密顿 (W. R. Hamilton) 请教. 哈密顿接到德摩根的信后对四色问题进行了论证, 但直到 1865 年去世, 也未能成功.

1872 年, 英国当时最著名的数学家凯莱正式向伦敦数学学会提出了这个问题. 于是四色猜想成为那个时期英国数学界特别关注的问题, 许多数学家都加入到了四色猜想的大会战, 故被调侃为流行在英国的 "四色瘟疫". 与此同时, 也有一些数学家对此不以为然, 低估了它的难度. 著名数学家闵可夫斯基 (H. Minkowski) 是德国哥廷根大学鼎盛时期的代表人物之一, 也是爱因斯坦的老师, 为狭义相对论提供了数学框架——闵可夫斯基四维几何. 据传, 他曾认为四色猜想的证明并不复杂, 之所以没能解决是因为当时世界上一流的数学家没有研究它. 在一次给学生上课时偶然谈到了这个猜想. 他说可以给出证明, 并试图当堂证给学生看. 可是他证得满头大汗, 却是一筹莫展, 只好第二次上课时接着证. 一连几堂课, 费尽九牛二虎之力, 仍然证不出来. 有一次, 证明时正好天下大雨、雷声震耳, 他惭愧地对学生说: "老天在责备我讲大话了, 我证明不了四色猜想."

1878~1880 年两年间, 著名的律师兼数学家肯普 (A. B. Kempe) 和泰特 (P. G. Tait) 两人分别提交了证明四色猜想的论文, 宣布证明了四色猜想, 大家都认为四色猜想成了四色定理. 然而在 1890 年, 数学家希伍德 (P. J. Heawood) 指出肯普的证明是错误的. 希伍德同时也指出, 尽管肯普的证明是错误的, 运用他的思路却可以巧妙地证明五种颜色一定是够的, 这就是著名的五色定理. 半个多世纪后的 1946 年, 泰特的证明也被著名数学家塔特 (W. T. Tutte) 否定了. 泰特的证明是基于一个他想当然的 "事实", 即: 任意 3-连通 3-正则平面图都一定有一个哈密顿圈. 塔特则构造了一个 46 个顶点的反例否定了这一论断, 也从而否定了泰特的证明. 至此, 四色定理又回到了原形, 即四色猜想.

事实上, 自希伍德否定了肯普的证明后, 许多数学家继续致力于对四色问题的研究, 希伍德本人也花费了前后整整 60 年. 进入 20 世纪以来, 对四色问题的研究主要是延续肯普的方法, 其基本思想是证明四色猜想的极小反例不存在, 这其中**可约构形** (reducible configuration) 扮演着重要的角色. 一个构形称为可约的是指: 如果存在一个五色地图包含这一构形, 则一定存在一个国家更少的五色地图. 因此, 若能构造一组可约构形并证明任何一个地图都一定包含其中的一个构形, 则极小反例一定是不存在的. 这样的可约构形组也被称为可约构形的不可避免 (unavoidable) 组. 沿着这一路线, 1939 年, 美国数学家富兰克林证明了 22 国以下的地图都可以用四色着色. 1950 年, 温恩从 22 国推进到 35 国. 1960 年, 奥尔又证明了 39 国以下的地图可以只用四种颜色着色, 随后又推进到了 50 国. 然而, 要证明大的构形可约是相当复杂的, 这种推进十分缓慢.

令人欣慰的是, 电子计算机的问世大大提高了演算速度, 也实质性地加快了对四色猜想证明的进程. 1976 年, 美国数学家阿佩尔 (K. Appel) 与哈肯 (W. Haken) 运用所谓 "放电算法" (discharging algorithm) 针对极大平面图生成了 1482 个可约构形的不可避免组, 在美国伊利诺伊大学的两台不同的电子计算机上用时 1200 小时, 经 100 亿次判断, 终于完成了四色定理的证明, 轰动了世界. 它不仅解决了一个历时 100 多年的难题, 也是人类历史上第一次运用计算机证明了一个著名的数学猜想. 成果发表的当天, 当地的邮局在发出的所有邮件上都加盖了 "四色足够" (FOUR COLORS SUFFICE) 的特制邮戳, 以庆祝这一难题的解决.

历经一个多世纪, 四色问题一直施展着它的魔法, 吸引了无数顶尖数学家和数学爱好者. 在征服四色猜想的历程中产生了许多传奇的故事, 也迸发出了诸多魅力四射的思想方法. 尽管四色猜想已成了四色定理, 但给出一个不借助计算机、可验证的理论证明仍然是许多数学家今天的追求和梦想. 20 世纪 80~90 年代, 数学家西摩尔 (P. Seymour) 与罗伯逊 (N. Robertson) 等仍一直致力于四色问题的研究. 他们将 1482 个可约构形减少到 633 个, 整个证明简单、易复核, 但仍需计算机的帮助.

0.2　本书内容介绍

本书主要学习组合数学的**组合计数理论**, 包括组合计数的基本思想、基本理论和基本方法. 第 1 章介绍加法、乘法和一一对应三个原理以及排列、组合等知识, 是组合计数中最基本的思想方法和知识基础. 在第 2 章至第 5 章将分别介绍组合计数四个基本的理论工具, 即母函数、容斥原理、递推关系和波利亚计数理论. 附录部分列出了一些经典的组合数和恒等式, 可作为进一步了解和延伸学习的内容.

组合计数在中学数学已有所涉及, 对应于排列、组合方面的内容. 以下三个问题可帮助我们从排列、组合的视角进一步了解组合计数理论要学习的内容.

装盒问题

用 n 个盒子装 k 个球. 考虑盒子、球是否有区别以及球在盒中的数目和顺序可分为如下 17 个问题.

1. 若盒子和球均有区别且每个盒子最多装一个球 $(n \geqslant k)$, 有多少种装法?

2. 若盒子有区别但球无区别且每个盒子最多装一个球 $(n \geqslant k)$, 有多少种装法?

3. 若盒子无区别但球有区别且每个盒子最多装一个球 $(n \geqslant k)$, 有多少种装法?

4. 若盒子和球均无区别且每个盒子最多装一个球 $(n \geqslant k)$, 有多少种装法?

5. 若盒子和球均有区别且每个盒子至少装一个球 $(n \leqslant k)$, 有多少种装法?

6. 若盒子有区别球无区别且每个盒子至少装一个球 $(n \leqslant k)$, 有多少种装法?

7. 若盒子无区别但球有区别且每个盒子至少装一个球 $(n \leqslant k)$, 有多少种装法?

8. 若盒子和球均无区别, 每个盒子至少装一个球 $(n \leqslant k)$, 有多少种装法?

9. 若盒子和球均有区别且每个盒子装球数不限, 有多少种装法?

10. 若盒子有区别但球无区别且每个盒子装球数不限, 有多少种装法?

11. 若盒子无区别但球有区别且每个盒子装球数不限, 有多少种装法?

12. 若盒子和球均无区别, 每个盒子装球数不限且 $n \geqslant k$, 有多少种装法?

13. 若盒子和球均无区别, 每个盒子装球数不限且 $n < k$, 有多少种装法?

14. 若盒子和球均有区别, 每个盒子至少装一个球 $(k \geqslant n)$, 球在盒中有序, 有多少种装法?

15. 若盒子无区别但球有区别, 每个盒子至少装一个球 $(n \leqslant k)$, 球在盒中有序, 有多少种装法?

16. 若盒子和球均有区别, 每个盒子装球数不限且球在盒中是有序的, 有多少种装法?

17. 若盒子无区别但球有区别, 每个盒子装球数不限且球在盒中有序, 有多少种装法?

以上 17 个装盒问题将在后面的章节中逐个获得答案. 事实上, 我们所遇到的大量的排列、组合问题其本质都是这 17 个装盒问题. 因此, 在学习过程中有意识地以装盒问题为标本, 把所考虑的计数问题化归为装盒问题, 无疑对提高组合计数的思维能力是很有帮助的.

斐波那契 (Fibonacci) 数

一个数列 $F_1, F_2, \cdots, F_n, \cdots$, 若满足 $F_1 = F_2 = 1, F_{i+2} = F_{i+1} + F_i, i = 1, 2, 3, \cdots$, 则称它是斐波那契数列, F_i 也称为斐波那契数. 易见, 斐波那契数列的前几项为

$$1, 1, 2, 3, 5, 8, 13, 21, 34, \cdots.$$

问: F_{100} 为多少?

手镯珠子染色问题

有一个由六个珠子组成的手镯, 用黑白两种颜色去染它的珠子. 如果考虑平面旋转, 容易看出图 0.3 中手镯 B 可由 A 通过平面顺时针旋转 $240°$ 得到, 我们称它们是在平面上本质相同的. 在此意义下, 图 0.3 所示的四个手镯在平面上本质不同的是三个, 即 A, C 和 D. 易验证, 在平面上本质不同的手镯共有 14 个.

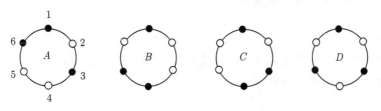

图 0.3

进一步地, C 可由 A 通过以 2 号珠和 5 号珠的连线为旋转轴旋转 $180°$ 得到, 因而在空间中它们是本质相同的. 由此, 在空间中图 0.3 所示的四个手镯本质上不同的只有两个, 即 A 和 D. 易验证, 在空间中所有本质不同的共有 13 个. 问: 用 k 种颜色去染 n 个珠子的手镯, 在平面上和空间中本质不同的各有多少个?

习　题　0

0.1 九个女生的科克曼问题: 九个女生去散步, 每天分成三组, 每组三人. 现需作出一个连续散步四天的分组计划, 使得任意两个女生在四天所分成的 12 个小组里被分到同一组恰好一次. 下表是该问题的一个答案, 但其中一些分组未写全, 请你把它们补全.

星期日	$\{1,2,3\}$	$\{4,5,6\}$	$\{7,8,9\}$
星期一	$\{1,4,5\}$	$\{\_\_,\_\_,\_\_\}$	$\{\_\_,\_\_,\_\_\}$
星期二	$\{1,6,7\}$	$\{\_\_,\_\_,\_\_\}$	$\{\_\_,\_\_,\_\_\}$
星期三	$\{1,8,9\}$	$\{\_\_,\_\_,\_\_\}$	$\{\_\_,\_\_,\_\_\}$

0.2 在科克曼女生问题中, 证明: 若斯坦纳三元系 $S(n)$ 存在, 则它由 $n(n-1)/6$ 个三元子集构成.

0.3 在中国邮递员问题中,

(1) 图 0.2(a) 无法做到一笔画. 问: 它可以最少几笔画?

(2) 在给图 0.2(a) 的奇度点配对时显然需要有偶数个奇度点. 问: 一个街道图一定有偶数个奇度点吗? 请说明理由.

0.4 在 17 个装盒问题中, 哪些是你会计算的? 并给出你的答案.

0.5 在六个珠子的手镯问题中, 请分别列出在平面上和空间中所有本质不同的黑、白两色手镯.

0.6* 请在轮胎面上绘制一幅五个国家的五色地图, 即: 用四种颜色无法对它着色.

0.7* 证明在杨辉三角中介绍的图 0.1 (右) 中所示每一列之和所成的数列是斐波那契数列.

小课题

请对杨辉三角的历史渊源、奇妙性质写一个综述. 在此基础上, 你能否再发现杨辉三角的一些新的奇妙性质?

第1章
排列、组合

本章将学习组合数学最基本的三个原理以及排列、组合的基本知识. 这些内容直观地看并不深奥, 部分内容也是在中学阶段学习过的, 但却体现了组合计数最核心的思想方法和知识点. 通过本章的学习, 可对中学学过的排列、组合内容做一个系统的回顾和总结.

1.1 三 个 原 理

加法原理 做一件事, 若完成它有 k 类方法, 其中第一类有 n_1 种不同的方法, 第二类有 n_2 种不同的方法, $\cdots$, 第 k 类有 n_k 种不同的方法. 则完成这件事共有

$$n_1 + n_2 + \cdots + n_k$$

种不同的方法.

乘法原理 做一件事, 若完成它需要 k 个步骤, 其中第一步有 n_1 种不同的方法, 第二步有 n_2 种不同的方法, $\cdots$, 第 k 步有 n_k 种不同的方法. 则完成这件事共有

$$n_1 \times n_2 \times \cdots \times n_k$$

种不同的方法.

通俗地说, 加法原理就是**分类讨论**, 而乘法原理则是**分步讨论**.

一一对应原理 若两个有限集合 A 和 B 的元素之间有一个一一对应 (双射, bijection), 则这两个集合的元素一样多, 即

$$|A| = |B|.$$

一一对应原理可自然地延伸为下面更一般的 "一多对应" 原理.

$(1, k)$-对应原理 若两个有限集合 A 和 B 的元素之间有一个对应 f, 满足

(1) 对任意 $a \in A$, 均有 $|f(a)| = k$;

(2) 对任意 $a, a' \in A$ 且 $a \neq a'$, 均有 $f(a) \cap f(a') = \varnothing$;

(3) 对任意 $b \in B$, 均存在 $a \in A$ 使得 $b \in f(a)$.

则

$$k|A| = |B|.$$

这三个原理是组合计数最基本的思想方法, 其特点是原理本身浅显易懂, 但如何用好却不太容易, 需要在学习过程中有意识地多用三个原理来思考问题.

例 1.1 用三种颜色给一个 2×2 棋盘的四个格子染色, 要求有公共边的格子不同色. 问: 有多少种染法?

解 将四个格子按左上、右上、右下、左下分别编号为 $1, 2, 3, 4$. 按 1 号和 3 号两个格子的染色模式分为两类.

第一类: 1 号和 3 号同色. 此时 1 号和 3 号有三种染法, 而 2 号和 4 号分别有两种染法. 故由乘法原理, 方法数为 $3 \times 2 \times 2$.

第二类: 1 号和 3 号不同色. 此时 1 号和 3 号有 3×2 种染法, 而 2 号和 4 号分别都只有一种染法, 故由乘法原理, 方法数为 $3 \times 2 \times 1 \times 1$.

再由加法原理, 所求染法数为 $3 \times 2 \times 2 + 3 \times 2 \times 1 \times 1 = 18$.

例 1.2 (装盒问题 16) 用 n 个盒子装 k 个球. 若盒子和球均有区别, 每个盒子装球数不限且球在盒中是有序的, 有多少种装法?

解 由于球有区别, 可将问题按球分成 k 个步骤.

步骤 1: 将第一个球装在某一个盒子中. 由于盒子有区别, 故有 n 种装法. 又球在盒中有序, 第一个球装入盒中后相当于把它所在的盒子分成了两个不同的盒子 (因为后一个球放到它的左边和右边是不同的放法), 因而盒子数变为了 $n + 1$.

步骤 2: 将第二个球装在某一个盒子中. 由于盒子有区别, 故有 $n + 1$ 种装法. 同理, 第二个球装好后相当于把它所在的盒子又分成了两个不同的盒子, 因而盒子数变为了 $n + 2$.

......

步骤 k: 将第 k 个球装在某一个盒子中. 由于盒子有区别, 故有 $n + k - 1$ 种装法.

综上, 由乘法原理, 所求装法数为 $n \times (n+1) \times (n+2) \times \cdots \times (n+k-1)$.

例 1.3 在一个凸 n $(n \geqslant 4)$ 边形 D 的内部, 任意三条对角线均不共点. 求其全部对角线在 D 内部交点的个数.

解 设 A 为所有对角线在 D 内部的交点的集合, B 为 D 上所有四个顶点的集合所成的集合. 令 f 为 A 到 B 的一个映射, 满足: 对任意 $a \in A$, $f(a)$ 为在 a 处交叉的两条对角线的顶点所成的集合. 由于任意三条对角线不共点, a 恰好是两条对角线的交点. 又 a 在 D 的内部, 交于 a 的两条对角线一定有四个顶点. 故 $f(a) \in B$ 且是唯一的. 反之, 对任意 $b \in B$, b 的四个顶点能且仅能形成两条相交的对角线.

综上, f 是 A 到 B 的一一映射. 故由一一对应原理, 所求交点的个数为

$$|A| = |B| = \mathrm{C}_n^4.$$

例 1.4* (泊车问题) 有 n 部车依次单向进入 n 个编号从 1 到 n 排成一行的空车位泊车. 对任意 $i \in \{1, 2, \cdots, n\}$, 第 i 部车偏好第 a_i 个车位. 第一部车开进去泊入它偏好的第 a_1 个车位, 随后第二部车开到它偏好的第 a_2 个车位, 若该车位是空的则泊入该车位, 否则继续前行泊入下一个空车位, 以此类推. $(a_1, a_2, \cdots, a_n)$ 称为偏好序列. 若一个偏好序列使每一部车都能泊入车位, 则称它是一个**泊车函数** (parking function). 例如, $(1, 3, 3, 2)$ 就是一个泊车函数, 而 $(1, 3, 3, 3)$ 则不是. 求泊车函数的数目.

解 设 A 为所有泊车函数的集合, B 为所有序列 $\beta = (b_1, b_2, \cdots, b_n)$ 的集合, 其中 $b_i \in \{1, 2, \cdots, n+1\}$. 易知, $|B| = (n+1)^n$. 下面我们建立 A 到 B 的一个 $(1, n+1)$-对应.

对任意序列 $\beta \in B$, 考虑一个循环泊车问题: 有 n 部车依次单向进入 $n+1$ 个编号从 1 到 $n+1$ 排成一个圆的空车位泊车, 且第 i 部车偏好第 b_i 个车位. 泊车规则与题设原问题相同但车进入后顺时针绕圆循环行驶. 由于车位多于车数, 故每一部车均可泊入车位且泊车的结果由 β 唯一确定. 注意, 车泊完后恰剩一个空车位.

设 $\alpha = (a_1, a_2, \cdots, a_n) \in A$. 注意, 由于 α 是一个泊车函数, 故在循环泊车中,

按序列 α 泊车所剩下的空车位恰好是第 $n+1$ 个车位. 对任意 $i \in \{0, 1, 2, \cdots, n\}$, 令 $\beta_i = (b_1, b_2, \cdots, b_n)$, 其中, $b_j = a_j + i \pmod{n+1}$ 且 $1 \leqslant b_j \leqslant n+1$, $j \in \{1, 2, \cdots, n\}$. 直观地看, 每一部车在序列 β_i 中偏好的车位是该车在序列 α 中所偏好的车位沿圆的顺时针方向往后数第 i 个车位. 因此, 按序列 β_i 循环泊车的结果等于按 α 循环泊车的结果按顺时针方向旋转 i 个车位后的结果, 剩下的空车位也由第 $n+1$ 个变为第 i 个. 例如, 当 $n = 4$, $\beta_0 = \alpha = (1, 3, 3, 2)$ 时, 循环泊车的结果如图 1.1 (a) 所示. 进一步地, 易知 $\beta_2 = (3, 5, 5, 4)$, 按 β_2 循环泊车的结果如图 1.1 (b) 所示.

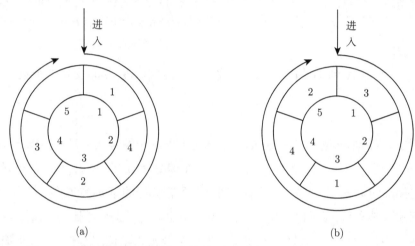

图 1.1　小圆上的数字表示车位编号, 车位中的数字表示泊入的车的编号

反之, 设 $\beta = (b_1, b_2, \cdots, b_n) \in B$. 不失一般性, 假设按 β 循环泊车所剩车位为第 i 个. 令 $\alpha = (a_1, a_2, \cdots, a_n)$, 其中 $a_j = b_j - i \pmod{n+1}$, $j \in \{1, 2, \cdots, n\}$. 则由上面的讨论, 按序列 α 循环泊车所剩的空车位恰好是第 $n+1$ 个 (此时, 对任意 $j \in \{1, 2, \cdots, n\}$, 显然 $a_j \neq n+1$). 这说明 α 是一个泊车函数, 即 $\alpha \in A$, 且由上面的定义知 $\beta_i = \beta$.

令 $f : A \to B$, 满足: 对任意 $\alpha \in A$, $f(\alpha) = \{\beta_0, \beta_1, \cdots, \beta_n\}$. 由上面的讨论, f 是 A 到 B 的一个 $(1, n+1)$-对应. 故由 $(1, n+1)$-对应原理,

$$|A| = \frac{|B|}{n+1} = (n+1)^{n-1}.$$

1.2 排 列

排列 从 n 个物中取出 k 个物进行排列, 共有

$$n \times (n-1) \times (n-2) \times \cdots \times (n-k+1)$$

种不同的方法, 该数记为 A_n^k.

证明 n 个物取 k 个的排列由 k 个位置各放哪一个物所唯一确定. 将问题分为 k 个步骤: 第一步确定第一个位置放哪个物, 共有 n 种方法; 第二步确定第二个位置放哪个物, 由于第一个位置已用了一个物, 故第二个位置共有 $n-1$ 个物可供选择, 即 $n-1$ 种方法; $\cdots$; 第 k 步确定第 k 个位置放哪个物, 由于前 $k-1$ 个位置已用了 $k-1$ 个物, 故第 k 个位置共有 $n-k+1$ 个物可供选择, 有 $n-k+1$ 种方法. 由乘法原理, 得证. □

全排列 在排列问题中, 当 $n=k$ 时称为全排列, 并记 $\mathrm{A}_n^n = n!$.

例 1.5 (装盒问题 1) 用 n 个盒子装 k 个球. 若盒子和球均有区别且每个盒子最多装一个球 $(n \geqslant k)$, 有多少种装法?

解 将装盒问题按如下方式对应于从 n 个物中选出 k 个物排列的问题: 第 i 个盒子装了第 j 个球对应于第 i 个物被选出且排在第 j 位. 由于每个盒子最多装一个球, 因此每一个物最多被选出一次. 故这样的对应方式是一一对应, 因此答案为 A_n^k.

例 1.6 将 a, b, c, d, e, f 进行排列. 问

(1) 使得字母 b 在字母 e 的左邻 (左边且挨着) 的排列有多少种?

(2) 使得字母 b 在字母 e 的左边 (不必挨着) 的排列有多少种?

解 (1) 由于 b 在 e 的左邻, 可把它们看作是捆绑在一起的, 因而可视作一个物. 由此, 问题等价于五个物的全排列, 即 5!.

(2) **解法 1** 先将 b 排好, 再顺次排 e 和其他元素. b 可排在第 $1, 2, 3, 4, 5$ 个

位置中的任何一个, 即五类方式. 故由乘法原理和加法原理, 共有

$$5 \times 4! + 4 \times 4! + 3 \times 4! + 2 \times 4! + 1 \times 4!$$

种方式.

解法 2 设

$$A = \{\text{b 在 e 的左边的所有排列}\},$$

$$B = \{\text{b 在 e 的右边的所有排列}\}.$$

设映射 $f: A \to B$ 满足: 对 A 中任意一个排列 π, 定义 $f(\pi)$ 为将排列 π 中的 b 和 e 互换. 例如 $f(\text{dbcfea}) = \text{decfba}$. 显然 f 是 A 到 B 的一一对应. 注意

$$A \cap B = \varnothing, \quad A \cup B = \{\text{6 个元素的所有全排列}\}.$$

故由一一对应原理, 共有 $|A| = |B| = |A \cup B|/2 = 6!/2$ 种排列方法.

例 1.7 从 $1, 2, 3, \cdots, 9$ 中选出七个数字组成一个七位数, 要求 1 和 2 不相邻. 问: 有多少种方法?

解法 1 先求 1 和 2 相邻的方法数. 将 1 和 2 按模式 12 捆绑并视为一个数. 则七位数中包含模式 12 的方法可分为两步: 第一步先将 12 放在七位中的某两相邻的位上, 有六种放法; 第二步在 $3, 4, \cdots, 9$ 这七个数中选五个放在剩余的五个位上, 有 $7 \times 6 \times 5 \times 4 \times 3$ 种方法. 注意模式 12 也可以是 21. 故 1 和 2 相邻的方法数为 $2 \times 6 \times 7 \times 6 \times 5 \times 4 \times 3$.

再由总数减去 1 和 2 相邻的方法数得满足题意的方法数, 即

$$A_9^7 - 2 \times 6 \times 7 \times 6 \times 5 \times 4 \times 3 = 151200.$$

解法 2 按 1 和 2 出现在七位数中的情况分类.

第一类: 1 和 2 均不出现在七位数中, 有 $A_7^7 = 7!$ 种方法.

第二类: 1 和 2 恰有一个出现在七位数中, 有 $2 \times 7 \times A_7^6 = 14 \times 7!$ 种方法.

第三类: 1 和 2 均出现在七位数中, 有 $(5 + 4 + 3 + 2 + 1) \times 2 \times A_7^5$ 种方法.

由加法原理得

$$7! + 14 \times 7! + (5 + 4 + 3 + 2 + 1) \times 2 \times A_7^5 = 151200.$$

可重排列　从 n 个物中不限重复地选出 k 个物进行排列的方法数为 n^k.

证明　证明方法与普通排列完全相同. 但由于每一个物可重复地选出, 因此 k 个步骤中每一步的方法数均为 n. 故由乘法原理, 得证.　　　□

例 1.8　一个 n 码二元序列是由 0 和 1 组成的长为 n 的序列. 问: 含有偶数个 0 的 n 码二元序列的个数是多少? 这里 0 个被认作是偶数个.

解　一个 n 码二元序列可视为由一个 $n-1$ 码二元序列和一个 1 码二元序列拼接而成. 若 $n-1$ 码二元序列 0 的个数为偶数, 则取 1 码为 1 时整个 n 码二元序列中 0 的数目为偶数; 若 $n-1$ 码二元序列 0 的个数为奇数, 则取 1 码为 0 时整个 n 码二元序列中 0 的数目为偶数. 因此, 由一一对应原理, 满足题意的 n 码二元序列的数目等于所有 $n-1$ 码二元序列的数目, 即 2^{n-1}.

思考题　本题能否从对称性考虑: 含偶数个 0 和含奇数个 0 的 n 码二元序列是一样多的?

普通排列和可重排列是排列模式的两个极端情形: 普通排列是每一个物都不允许重复, 而可重排列则是每一个物都可不限次数地重复. 一个自然而有趣的问题是一般的情形该如何计算, 即: 对每一个物可重复的次数任意规定一个限制, 则方法数是多少? 下面要学习的类排列部分地回答了这一问题, 完整的答案将在接下来的两章给出.

类排列　有 k 类物, 其中第 i 类有 t_i 个物, 同类物无区别. 则排列这 $t_1 + t_2 + \cdots + t_k$ 个物共有

$$\frac{(t_1 + t_2 + \cdots + t_k)!}{t_1! t_2! \cdots t_k!}$$

种不同的方法.

证明　设所求方法数为 x. 若同类物有区别, 则问题等同于 $t_1 + t_2 + \cdots + t_k$ 个不同物的全排列. 将此排列 (即同类物视为有区别的排列) 分成两个步骤.

步骤 1: 将同类看作无区别的进行排列, 方法数恰为我们所求的 x.

步骤 2: 再将同类看作有区别的做进一步排列, 方法数为 $t_1! t_2! \cdots t_k!$.

由于 $t_1 + t_2 + \cdots + t_k$ 个不同物的全排列数等于 $(t_1 + t_2 + \cdots + t_k)!$. 故由乘

法原理,

$$x \times t_1! t_2! \cdots t_k! = (t_1 + t_2 + \cdots + t_k)!,$$

即

$$x = \frac{(t_1 + t_2 + \cdots + t_k)!}{t_1! t_2! \cdots t_k!}.$$ □

在类排列中, 若取 $t_1 = t_2 = \cdots = t_k = 1$, 则 k 类物的类排列恰好是 k 个物的全排列. 因此, 类排列是全排列的一个自然推广. 此外, 类排列也可表述为以下两个等价的形式.

(1) 排列 k 个物, 使得第 i 个物恰好重复 t_i 次的全排列.

(2) 有 k 个物, 且对任意 $i = 1, 2, \cdots, k$, 第 i 个物有 t_i 个相同的拷贝. 排列全部这些物.

例 1.9 五个红苹果和八个绿苹果排成一行, 同色苹果无区别, 有多少种排法?

解 本题等价于两个类的类排列, 其中 $t_1 = 5, t_2 = 8$. 故答案为 $(5 + 8)!/$ $(5!8!)$.

例 1.10 证明 $(k!)!$ 能被 $(k!)^{(k-1)!}$ 整除.

证明 考虑 $(k-1)!$ 个类且每个类均有 k 个物的排列. 可知排列方法数为

$$\frac{(k \times (k-1)!)!}{(k!)^{(k-1)!}} = \frac{(k!)!}{(k!)^{(k-1)!}},$$

是一个整数. 故 $(k!)!$ 能被 $(k!)^{(k-1)!}$ 整除. □

注 上例这种不直接计算而通过组合意义来证明一个结论或等式的方法称为**组合论证法**或**组合解释**.

圆排列 从 n 个物中选出 k 个排列在圆周上, 若两个排列可通过旋转相互得到, 则称它们是相同的. 则共有

$$\frac{1}{k} A_n^k$$

种不同的排法.

证明 将圆排列在任一位置剪开, 则可得到 k 个不同的普通 k 元排列. 故每一个圆排列对应 k 个普通 k 元排列. 进一步地, 不同的圆排列无论在什么位置剪开均对应不同的普通 k 排列. 故由 $(1, k)$-对应原理, 所求方法数为 A_n^k/k. □

为区别于圆排列, 我们也称普通排列为**线排列**.

例 1.11 十个男生和五个女生围坐圆桌聚餐, 要求女生不相邻的坐法有多少种?

解 分先排男生再排女生两个步骤. 男生的坐法对应于十个物的圆排列, 故有 $9!$ 种方法. 五个女生则在十个男生之间所成的十个空位中选五个就座. 注意男生是有区别的, 因此十个空位是有区别的. 而女生也是有区别的, 因此女生的坐法对应于十个物选五个排列, 方法数为 A_{10}^5. 故由乘法原理, 所求的坐法数为 $9! \times \mathrm{A}_{10}^5$.

斯特林 (Stirling) 公式 在组合计数中经常需要计算 $n!$. 但当 n "稍大" 一些时, $n!$ 是一个很大的数. 以下是 $n!$ 的一个近似公式, 称为斯特林公式:

$$n! \sim \sqrt{2\pi n} \left(\frac{n}{\mathrm{e}}\right)^n.$$

1.3 组 合

组合 从 n 个物中选出 k 个物共有

$$\frac{n \times (n-1) \times (n-2) \times \cdots \times (n-k+1)}{k!}$$

种不同的方法, 该数记为 C_n^k.

证明 设所求方法数为 x. 将 "从 n 个物中选出 k 个物进行排列" 这件事分成两个步骤.

步骤 1: 从 n 个物中选出 k 个物.

步骤 2: 将选出的这 k 个物进行排列.

步骤 1 的方法数即我们所求的 x, 而步骤 2 为 k 个物的全排列 $k!$. 而 "从 n 个物中选出 k 个物进行排列" 的方法数为 A_n^k. 故由乘法原理

$$x \times k! = \mathrm{A}_n^k.$$

因此, $x = \mathrm{A}_n^k / k!$.   □

注 直接计算, 我们可以把组合数 C_n^k 写成

$$\mathrm{C}_n^k = \frac{n!}{k!(n-k)!}.$$

这个等式也可通过组合论证法证明: 等式左端是从 n 个物中选出 k 个物的方法数; 而右端可视为一个有两类物的类排列的方法数, 其中一个类有 k 个物, 另一个类有 $n-k$ 个物. 对任意一个符合右端的类排列 $a_1 a_2 \cdots a_n$, 令它对应于这样一个选取: a_i 是第一类物当且仅当第 i 个物被选取出来. 容易看出这是一个一一对应, 故等式成立.

例 1.12 (装盒问题 2) 用 n 个盒子装 k 个球. 若盒子有区别但球无区别且每个盒子最多装一个球 $(n \geqslant k)$, 有多少种装法?

解 将该装盒问题对应于从 n 个物中取出 k 个的组合: 第 i 个盒装有球对应于第 i 个物被取出. 易见这是一个一一对应, 故答案为 C_n^k. 因此, 该问题本质上是把 n 个盒子当作物, 装有球的当作是被取出的.

例 1.13 从 $1, 2, \cdots, 100$ 中取出两个不同的数, 使其和为偶数, 问有多少种取法?

解 按取出的两个数都是偶数和都是奇数分类, 取法数为 $\mathrm{C}_{50}^2 + \mathrm{C}_{50}^2$.

例 1.14 学院欲将六名保送研究生推荐给三个单位, 每个单位两名, 问有多少种方法?

解 三个单位是不同的, 故可按三个单位分为三个步骤推荐. 则由乘法原理, 方法数为

$$\mathrm{C}_6^2 \times \mathrm{C}_{6-2}^2 \times \mathrm{C}_{6-2-2}^2 = \frac{6!}{2^3}.$$

思考题 上例中我们注意到

$$\frac{6!}{2^3} = \frac{(2+2+2)!}{2! \times 2! \times 2!},$$

即保送方案数等于有三类且每一类有两个元的类排列数. 能否对此给一个组合解释?

例 1.15 用组合论证法证明

$$n \times C_{n-1}^k = (k+1) \times C_n^{k+1}.$$

证明 考虑有 n 个同学的班要选一个班长和 $k+1$ 个班委 (含班长). 一种选法是先选出班长, 再从剩下 $n-1$ 个同学中选出 k 个班委. 由乘法原理, 方法数是 $n \times C_{n-1}^k$. 另一种选法是先选出 $k+1$ 个班委, 再从其中选出一个班长. 同样由乘法原理, 方法数是 $C_n^{k+1} \times (k+1)$. 显然两种选法是做了同一件事, 故 $n \times C_{n-1}^k = C_n^{k+1} \times (k+1)$. □

例 1.16 有五位科学家在从事一项秘密研究, 需要用若干把锁把资料锁在保险柜里, 每一个科学家都有其中一些锁的钥匙. 打开这个保险柜的规则是当且仅当至少有三人的钥匙. 问: 至少需要多少把锁?

解 根据规则, 任何两人组都有一把他们打不开的锁. 由此我们断言: 至少需要 10 把锁. 若不然, 由于五位科学家共有 $C_5^2 = 10$ 个不同的两人组, 一定有一把锁是某两个不同的两人组都打不开的. 如此一来, 这两个两人组中的任意三人也打不开这把锁, 与规则矛盾.

思考题 10 把锁是否足够? 能否设计一个具体的方案?

思考题* 每一位科学家至少需要有多少把钥匙?

可重组合 从 n 个物中不限重复地选出 k 个物共有

$$C_{n+k-1}^k$$

种不同的方法.

证明 考虑用 $n-1$ 个隔板 (用 | 表示) 将 k 个排成直线的 ○ 隔成 n 个部分. 让这样的分隔对应如下的可重组合: 第 i 部分中 ○ 的个数对应可重组合中第

i 个物被选出的个数. 如

$$\bigcirc \,|\, \bigcirc\bigcirc \,|\,|\, \bigcirc \,|\, \bigcirc \,|\,|$$

对应于从七个物中不限重复地取出五个, 且第一、四、五个物各取了一个; 第二个物取了两个; 第三、六、七个物都没有取. 易见, 这是一一对应. 而这样的分隔的数目等同于在 $n-1+k$ 个位置中选取 $n-1$ 个放置隔板 $|$, 即从 $n-1+k$ 个物中取 $n-1$ 个的组合数 $C_{n-1+k}^{n-1} = C_{n+k-1}^{k}$. 故由一一对应原理, 结论得证. □

例 1.17 从为数众多的 1 元纸币、5 元纸币、10 元纸币和 20 元纸币中可以有多少种方法选出六张来?

解 这是从四种纸币中可重复地选出六张来, 故答案为 C_{4+6-1}^{6}.

例 1.18 (装盒问题 10) 用 n 个盒子装 k 个球. 若盒子有区别但球无区别且每个盒子装球数不限, 有多少种装法?

解 将该装盒问题对应于从 n 个物中不限重复地取出 k 个的可重组合: 第 i 个盒装了 j 个球对应于第 i 个物被取出 j 次. 易见这是一个一一对应, 故答案为 C_{n+k-1}^{k}.

例 1.19 把三个红球、两个蓝球和一个白球装入三个不同的盒子, 同色球无区别且每一个盒子装球数不限. 问有多少种装法?

解 把该问题按球的颜色分为三个步骤: 第一步装红球, 第二步装蓝球, 第三步装白球. 由上例及乘法原理直接可得答案: $C_{3+3-1}^{3} \times C_{3+2-1}^{2} \times C_{3+1-1}^{1} = 180$.

下面要介绍的不定方程是数论的一个重要研究对象, 其本质是一个组合计数问题.

不定方程 对任意正整数 n, 非负整数 k 及非负整数未知量 $x_1, x_2, \cdots, x_n$, 方程

$$x_1 + x_2 + \cdots + x_n = k$$

称为不定方程, 它的非负整数解的个数等于 C_{n+k-1}^{k}.

证明 容易看出上述方程的任意一个非负整数解 $x_1, x_2, \cdots, x_n$ 对应于从 n

个物中不限重复地选出 k 个物, 其中第 $i\,(1 \leqslant i \leqslant n)$ 个物恰好被取出 x_i 次. 故不定方程非负整数解的个数等于从 n 个物中不限重复地选出 k 个物的方法数, 即 C_{n+k-1}^k. $\qquad\square$

例 1.20 求不定方程

$$x_1 + x_2 + \cdots + x_n = k$$

正整数解的个数 $(k \geqslant n)$.

解 对任意 $i \in \{1, 2, \cdots, n\}$, 设 $y_i = x_i - 1$. 则原方程转化为

$$y_1 + y_2 + \cdots + y_n = x_1 + x_2 + \cdots + x_n - n = k - n.$$

由于 $x_i \geqslant 1$ 当且仅当 $y_i \geqslant 0$, 所求方程的正整数解等价于方程 $y_1 + y_2 + \cdots + y_n = k - n$ 的非负整数解. 故答案为 $C_{n+(k-n)-1}^{k-n}$.

思考题 注意 $C_{n+(k-n)-1}^{k-n} = C_{k-1}^{k-n}$. 能否对此给一个组合解释?

例 1.21 掷三个骰子 (六个面分别标有 $1, 2, 3, 4, 5, 6$ 的正六面体, 也称为 "色子").

(1) 若骰子有区别, 可能的结果有多少?

(2) 若骰子无区别, 可能的结果又有多少?

解 (1) 骰子有区别等价于分别掷这三个骰子. 而每个骰子有六种点数, 故结果为从 $1, 2, 3, 4, 5, 6$ 中可重选取三个排列的数目, 即 6^3.

(2) 骰子无区别等价于从 $1, 2, 3, 4, 5, 6$ 中可重选取三个. 答案为 C_{6+3-1}^3.

例 1.22 整数 1400 有多少个正因数 (1 和 1400 也被视为是 1400 的正因数)?

解 因为 $1400 = 2^3 \times 5^2 \times 7$, 故任意不多于三个 2, 两个 5, 一个 7 的乘积都是 1400 的因数. 但由于它们可重的次数有限制, 因而不能直接套用可重组合. 但可运用乘法原理, 即按 $2, 5, 7$ 分为三个步骤. 2 出现在 1400 的因子中的次数有四种选择: $0, 1, 2, 3$. 同理, 5 出现的次数有三种, 7 出现的次数有两种. 故由乘法原

理, 答案为 $4 \times 3 \times 2 = 24$.

例 1.23 有多少种方法把 $2n+1$ 个席位分给三个政党使得任意两个政党的联盟都一定占优势?

解 若无任何限制, 则相当于把三个政党看成 "物" 并从中可重复地选 $2n+1$ 个出来, 每个政党选出的次数对应于其获得的席位数, 共有 $C_{3+2n+1-1}^{2n+1}$ 种选法. 这里面有不符合要求的, 即: 某个政党的席位比其他两个之和还要多. 这种情况的数目相当于先给这个政党 $n+1$ 个席位, 剩下 n 个席位再任意分配给所有三个政党, 共有 C_{3+n-1}^{n} 种分配法. 因为有三个政党, 且席位超过 n 的政党最多只有一个. 故所求答案为

$$C_{3+2n+1-1}^{2n+1} - 3 \times C_{3+n-1}^{n} = \frac{n}{2}(n+1).$$

思考题* 上例答案 $n(n+1)/2$ 等于从 $n+1$ 个物中取两个的方法数, 能否对此给出一个组合解释?

1.4 二项式定理

二项式定理是组合数最基本的关系式, 它所涉及的代数和分析的思想方法在后面的一些章节中将扮演重要的角色.

二项式定理 设 n 是一个正整数. 则对任意 x 和 y, 有

$$(x+y)^n = \sum_{k=0}^{n} C_n^k x^k y^{n-k}. \tag{1}$$

证明 由于 $(x+y)^n = (x+y)(x+y)\cdots(x+y)$, 其展开后的项是从每一个 $(x+y)$ 中取 x 或取 y 再相乘而得. 若恰好取到 k 个 x, 则共有 C_n^k 种取法, 每一种取法均贡献一个 $x^k y^{n-k}$. □

由二项式定理直接可得以下几个组合恒等式:

(1) $C_n^0 + C_n^1 x + C_n^2 x^2 + C_n^3 x^3 + \cdots + C_n^n x^n = (x+1)^n$;

(2) $C_n^0 + C_n^1 + C_n^2 + C_n^3 + \cdots + C_n^n = 2^n$;

(3) $C_n^0 - C_n^1 + C_n^2 - C_n^3 + \cdots + (-1)^n C_n^n = 0$;

(4) $C_n^0 + C_n^2 + C_n^4 + \cdots + C_n^p = C_n^1 + C_n^3 + C_n^5 + \cdots + C_n^q = 2^{n-1}$,

其中 p 和 q 分别是不超过 n 的最大偶数和最大奇数.

例 1.24 证明: $C_n^0 C_m^k + C_n^1 C_m^{k-1} + C_n^2 C_m^{k-2} + \cdots + C_n^k C_m^0 = C_{m+n}^k$ $(n+m \geqslant k)$.

证明 由于 $(x+1)^{m+n} = (x+1)^m (x+1)^n$, 两边展开式中 x^k 的系数相等. 由二项式定理, 左边 x^k 的系数为 C_{m+n}^k. 而右边等于

$$(C_m^0 + C_m^1 x + C_m^2 x^2 + \cdots + C_m^m x^m)(C_n^0 + C_n^1 x + C_n^2 x^2 + \cdots + C_n^n x^n),$$

易验证它的展开式中 x^k 的系数等于 $C_n^0 C_m^k + C_n^1 C_m^{k-1} + C_n^2 C_m^{k-2} + \cdots + C_n^k C_m^0$. $\square$

例 1.25 证明: $C_n^1 + 2C_n^2 + 3C_n^3 + \cdots + nC_n^n = n \times 2^{n-1}$.

证明 对方程 $C_n^0 + C_n^1 x + C_n^2 x^2 + C_n^3 x^3 + \cdots + C_n^n x^n = (x+1)^n$ 两边求导并代入 $x = 1$ 直接得证. $\square$

在组合恒等式的证明中, 除了代数和组合的方法, 上例告诉我们微积分也是一个有力的工具. 在后面要学习的母函数和递推关系中, 我们将进一步看到微积分所发挥的重要作用. 反之, 组合数学也可运用到微积分中. 例如, $\lim\limits_{n \to \infty} \left(1 + \dfrac{1}{n}\right)^n = $ e 是微积分的一个重要极限, 其中 e 是自然对数的底. 进一步地, 运用泰勒展开式可得 e 的如下表达式:

$$e = \frac{1}{0!} + \frac{1}{1!} + \frac{1}{2!} + \frac{1}{3!} + \cdots. \tag{2}$$

这一公式也可运用二项式定理来证明.

例 1.26 运用二项式定理证明公式 (2).

证明 将 $x = 1, y = 1/n$ 代入公式 (1), 得

$$\left(1 + \frac{1}{n}\right)^n = C_n^0 + C_n^1 \frac{1}{n} + C_n^2 \frac{1}{n^2} + C_n^3 \frac{1}{n^3} + \cdots + C_n^n \frac{1}{n^n}.$$

将上式两端取极限 $n \to +\infty$, 则右端第 k 项变为

$$\lim_{n \to +\infty} C_n^k \frac{1}{n^k} = \lim_{n \to +\infty} \left(\frac{1}{k!} \times \frac{n(n-1)(n-2)\cdots(n-k+1)}{n^k}\right) = \frac{1}{k!}. \qquad \square$$

帕斯卡三角 对每一个非负整数 n, 将二项式定理等式 (1) 右边的系数排成一行, 即 $C_n^0, C_n^1, C_n^2, \cdots, C_n^n$; 再按 n 从 0 开始自上而下排成如下形式, 称为帕斯卡三角或**杨辉三角**, 其中 C_0^0 定义为 1.

表 1.1   帕斯卡三角

$$
\begin{array}{c}
C_0^0 \\
C_1^0 \quad C_1^1 \\
C_2^0 \quad C_2^1 \quad C_2^2 \\
C_3^0 \quad C_3^1 \quad C_3^2 \quad C_3^3 \\
C_4^0 \quad C_4^1 \quad C_4^2 \quad C_4^3 \quad C_4^4 \\
C_5^0 \quad C_5^1 \quad C_5^2 \quad C_5^3 \quad C_5^4 \quad C_5^5 \\
C_6^0 \quad C_6^1 \quad C_6^2 \quad C_6^3 \quad C_6^4 \quad C_6^5 \quad C_6^6 \\
C_7^0 \quad C_7^1 \quad C_7^2 \quad C_7^3 \quad C_7^4 \quad C_7^5 \quad C_7^6 \quad C_7^7 \\
C_8^0 \quad C_8^1 \quad C_8^2 \quad C_8^3 \quad C_8^4 \quad C_8^5 \quad C_8^6 \quad C_8^7 \quad C_8^8 \\
\ddots \qquad\qquad \cdots \qquad\qquad \ddots
\end{array}
$$

在帕斯卡三角中, 可观察到除了两侧斜线的值均为 1 外, 中间各项的值均等于上一行相近两数之和. 换句话说, 对任意满足 $n \geqslant k \geqslant 1$ 的正整数 n 和 k, 均有

$$C_n^k = C_{n-1}^{k-1} + C_{n-1}^k. \tag{3}$$

该公式称为**帕斯卡公式**.

例 1.27 用组合论证法证明帕斯卡公式.

证明 等式左边为从 n 个物中选出 k 个物的方法数. 任意固定 n 个物中的一个并将选取分为两类: 一类包含这个固定的物, 这样的选法数等于从剩下的 $n-1$ 个物中再选出 $k-1$ 个物, 有 C_{n-1}^{k-1} 种方法; 另一类不含这个固定的物, 此时选法数等于从剩下的 $n-1$ 个物中选出 k 个物, 有 C_{n-1}^k 种方法. 故由加法原理, 得证.

$$\square$$

在二项式定理中, n 是正整数. 一个自然而有趣的问题是, 若 n 为实数, 如何解读二项式定理? 事实上, 运用泰勒展开式, 我们可得

$$(x+1)^n = \sum_{k=0}^{+\infty} \frac{n(n-1)(n-2)(n-k+1)}{k!} x^k. \tag{4}$$

注意上式右端 x^k 的系数在形式上恰好等于组合数 C_n^k. 进一步地, 当 n 为非负整数且 $k > n$ 时, 有 $n(n-1)(n-2)(n-k+1)/k! = 0$. 这与从 n 个物中无法取出

多于 n 个物是一致的. 受此启发, 组合数和二项式定理可自然地推广到任意实数 n 和整数 k, 如下.

广义组合数 对任意实数 n 及整数 k, 广义组合数 C_n^k 定义为: 当 $k \geqslant 0$ 时

$$\mathrm{C}_n^k = \frac{n!}{k!(n-k)!} = \frac{n(n-1)(n-2)(n-k+1)}{k!};$$

当 $k < 0$ 时 $\mathrm{C}_n^k = 0$.

由于当 n 和 k 均为非负整数且 $n \geqslant k$ 时, 广义组合数等同于通常的组合数 C_n^k, 以下我们不再区分组合数和广义组合数.

广义二项式定理 对任意实数 n, 有

$$(x+1)^n = \sum_{k=0}^{+\infty} \mathrm{C}_n^k x^k.$$

例 1.28 计算 $\mathrm{C}_{1/2}^k \ (k \neq 0)$.

解

$$
\begin{aligned}
\mathrm{C}_{\frac{1}{2}}^k &= \frac{\frac{1}{2}\left(\frac{1}{2}-1\right)\left(\frac{1}{2}-2\right)\cdots\left(\frac{1}{2}-k+1\right)}{k!} \\
&= \frac{(-1)^{k-1}}{2^k} \times \frac{1 \times 1 \times 3 \times 5 \times \cdots \times (2k-3)}{k!} \\
&= \frac{(-1)^{k-1}}{2^k} \times \frac{1 \times 3 \times 5 \times \cdots \times (2k-3)}{k!} \times \frac{2 \times 4 \times 6 \times \cdots \times (2k-2)}{2^{k-1} \times (k-1)!} \\
&= \frac{(-1)^{k-1}}{2^{2k-1} \times k} \times \mathrm{C}_{2k-2}^{k-1}.
\end{aligned}
$$

二项式定理的另一个推广形式是将 "二项" 推广到 "多项".

多项式定理 对任意实数 n, 有

$$(x_1 + x_2 + \cdots + x_k)^n = \sum_{n_1+n_2+\cdots+n_k=n} \frac{n!}{n_1! n_2! \cdots n_k!} x_1^{n_1} x_2^{n_2} \cdots x_k^{n_k},$$

其中和式取遍所有满足 $n_1 + n_2 + \cdots + n_k = n$ 的非负整数 $n_1, n_2, \cdots, n_k$.

证明 由 $(x_1 + x_2 + \cdots + x_k)^n = (x_1 + x_2 + \cdots + x_k)(x_1 + x_2 + \cdots + x_k) \cdots (x_1 + x_2 + \cdots + x_k)$, 其展开后的项是从每一个 $(x_1 + x_2 + \cdots + x_k)$ 中取一个 x_i 相乘而得. 若取到 $x_1, x_2, \cdots, x_k$ 的个数分别为 $n_1, n_2, \cdots, n_k$, 则其乘积为 $x_1^{n_1} x_2^{n_2} \cdots x_k^{n_k}$. 这样的取法可分 k 个步骤完成: 步骤 1 从 n 个 $(x_1 + x_2 + \cdots + x_k)$ 中选 n_1 个取 x_1; 步骤 2 在剩下的 $n - n_1$ 个 $(x_1 + x_2 + \cdots + x_k)$ 中选 n_2 个取 x_2; $\cdots$; 步骤 k 在剩下的 $n - n_1 - n_2 - \cdots - n_{k-1} = n_k$ 个 $(x_1 + x_2 + \cdots + x_k)$ 中选 n_k 个取 x_k. 故由乘法原理, 所求方法数等于

$$C_n^{n_1} \times C_{n-n_1}^{n_2} \times C_{n-n_1-n_2}^{n_3} \times \cdots \times C_{n_k}^{n_k} = \frac{n!}{n_1! n_2! \cdots n_k!}. \qquad \square$$

思考题 能否用类排列的思想证明多项式定理?

以下是多项式定理在数论中的一个经典应用.

费马小定理*(Fermat's little theorem) 设 p 是一个素数. 对任意的正整数 n, 若 $n \not\equiv 0 \pmod{p}$, 则 $n^{p-1} \equiv 1 \pmod{p}$.

证明 由多项式定理得

$$(x_1 + x_2 + \cdots + x_n)^p = \sum_{k_1 + k_2 + \cdots + k_n = p} \frac{p!}{k_1! k_2! \cdots k_n!} x_1^{k_1} x_2^{k_2} \cdots x_n^{k_n}.$$

将 $x_1 = x_2 = \cdots = x_k = 1$ 代入上式得

$$n^p = \sum_{k_1 + k_2 + \cdots + k_n = p} \frac{p!}{k_1! k_2! \cdots k_n!}. \qquad (5)$$

由于 $k_1 + k_2 + \cdots + k_n = p$, 若某一个 k_i 等于 p, 则对任意的 $j \neq i$, 均有 $k_j = 0$. 此时必有 $p!/(k_1! k_2! \cdots k_n!) = 1$. 这种情况恰好发生 n 次. 若每一个 k_i 均不等于 p, 即 $k_i < p$, 因 p 为素数, 则每一个 k_i 均不能整除 p. 此时, 注意到 $p!/(k_1! k_2! \cdots k_n!)$ 是整数, 故必为 p 的倍数.

综上, 将等式 (5) 两边取 $\bmod p$, 得 $n^p \equiv n \pmod{p}$. 此即

$$n\left(n^{p-1} - 1\right) \equiv 0 \pmod{p}.$$

由题设 $n \not\equiv 0 \pmod{p}$, 故 $n^{p-1} - 1 \equiv 0 \pmod{p}$. $\qquad \square$

本 章 小 结

本章学习了组合计数最基本的思想方法, 即加法、乘法和一一对应三个原理, 以及最基本的知识点, 即排列和组合. 从宏观的角度, 本章所学习的排列和组合只是排列组合问题最极端的情形. 以排列为例, 若用 "拷贝" 的语言, 则普通排列、可重排列和类排列可叙述如下.

(1) 排列: 有 n 个物, 每一个物均只有一个拷贝, 从中取出 k 个进行排列.

(2) 可重排列: 有 n 个物, 每一个物均有无穷多个拷贝, 从中取出 k 个进行排列.

(3) 类排列: 有 n 个物, 第 i 个物 $(1 \leqslant i \leqslant n)$ 有 t_i 个拷贝, 从中取出全部进行排列.

由此引出一个有趣而更一般的情形: 有 n 个物, 第 i 个物 $(1 \leqslant i \leqslant n)$ 有 t_i 个拷贝, 从中取出 k 个进行排列, 有多少种方法? 类似地, 本章所学的组合也仅考虑了每个物只有一个拷贝和每个物都有无穷多个拷贝这两种极端情形. 对于一般情形的排列、组合问题, 我们将在下一章及第 3 章获得解答.

习 题 1

1.1 (装盒问题 9) 用 n 个盒子装 k 个球. 若盒子和球均有区别且每个盒子装球数不限, 有多少种装法?

1.2 (装盒问题 5, $k = n + 1$) 用 n 个不同的盒子装 $n + 1$ 个不同的球, 每个盒子至少装一个球, 有多少种方法?

1.3 将六个蓝球、五个红球、四个白球、三个黄球排成一行, 要求黄球不挨着. 问: 有多少种排列方式?

1.4 求万位数字不是 1, 个位数字不是 2, 且各位数字均不同的五位数的个数.

1.5 有五部汽车要通过七个收费亭, 每一部车可任选一个通过, 通过同一收费亭的车有先后次序. 问: 有多少种不同的通过方式?

1.6 有八个棋子, 其中五个红色、三个蓝色, 同色无区别.

(1) 把它们放到 8×8 棋盘上, 每行每列只放一个, 有多少种放法?

(2) 若棋盘是 12×12 且每行每列最多放一个, 有多少种放法?

(3) 若棋盘四个角的格子不能放棋子, 重做 (1) 和 (2).

1.7 在 $1, 2, 3, \cdots, n$ 的全排列中, 要求 1 和 2 之间有且恰有一个数. 问: 这样的排列有多少个? 若是圆排列, 结果又是多少?

1.8 有 n 个男孩、n 个女孩和一名家长围圆桌就餐, 要求男孩不相邻且女孩不相邻. 问: 有多少种坐法?

1.9 证明 n 个 0 和至多 m 个 1 的排列的数目等于 C_{m+n+1}^m.

1.10 把 $2n$ 个人分成 n 组, 每组两人, 有多少种分法?

1.11 在 $3n+1$ 个物中, 有 n 个是相同的. 求从这 $3n+1$ 个物中选出 n 个的方法数.

1.12 设 A 是自然数集 $\{1, 2, 3, \cdots, n\}$ 的所有子集所成的集合. 对 $a \in A$, 令 $\sigma(a)$ 是 a 中的数字之和. 计算 $\sum\limits_{a \in A} \sigma(a)$.

1.13 在 $m \times n$ 网格上从左下角点走到右上角点, 每步只能向上或向右走一格. 问: 有多少种走法?

1.14 例 1.2 的答案是 $n(n+1)(n+2)\cdots(n+k-1)$. 注意 $n(n+1)(n+2)\cdots(n+k-1) = A_{n+k-1}^k$. 也就是说装盒问题 16 的答案等于从 $n+k-1$ 个物中取出 k 个排列的方法数, 请对此给一个组合解释.

1.15 用组合论证法证明 $(2n)!/2^2$ 和 $(3n)!/(2^n \times 3^n)$ 都是整数.

1.16 证明 $(n^2)!$ 能被 $(n!)^{n+1}$ 整除.

1.17 证明下列恒等式:

(1) $C_n^1 - 2C_n^2 + 3C_n^3 - \cdots + (-1)^{n-1}nC_n^n = 0$;

(2) $C_n^0 + \dfrac{1}{2}C_n^1 + \dfrac{1}{3}C_n^2 + \cdots + \dfrac{1}{n+1}C_n^n = \dfrac{1}{n+1}(2^{n+1} - 1)$;

(3) $C_n^k + C_{n-1}^{k-1} + C_{n-2}^{k-2} + \cdots + C_{n-k}^0 = C_{n+1}^k \ (k \leqslant n)$;

(4) $C_{n-1}^{k-1} + C_{n-2}^{k-1} + \cdots + C_{n-l}^{k-1} = C_n^k - C_{n-l}^k \ (k, l \leqslant n)$.

1.18 用组合论证法证明下列恒等式:

(1) $C_n^1 + 2 \times C_n^2 + 3 \times C_n^3 + \cdots + n \times C_n^n = n \times 2^{n-1}$;

(2) $\left(C_n^0\right)^2 + \left(C_n^1\right)^2 + \left(C_n^2\right)^2 + \cdots + \left(C_n^n\right)^2 = C_{2n}^n$;

(3)* $1 \times 1! + 2 \times 2! + 3 \times 3! + \cdots + n \times n! = (n+1)! - 1$.

1.19 设 $m = t_1 + t_2 + \cdots + t_n$. 用组合论证法证明下列恒等式:

(1) $C_m^{t_1} C_{m-t_1}^{t_2} C_{m-t_1-t_2}^{t_3} \cdots C_{t_n}^{t_n} = \dfrac{m!}{t_1! t_2! t_3! \cdots t_n!}$;

(2)*

$$\frac{m!}{t_1! t_2! \cdots t_n!} = \frac{(m-1)!}{(t_1-1)! t_2! \cdots t_n!} + \frac{(m-1)!}{t_1!(t_2-1)! \cdots t_n!} + \cdots + \frac{(m-1)!}{t_1! t_2! \cdots (t_n-1)!}.$$

提示　考虑类排列排在第一个位置的物.

1.20 有五封不同的信要经由一个信道传送, 在这些信之间还需插入共计 15 个空白使得每两封信之间至少有三个空白. 问: 有多少种方式来安排这些信和空白?

1.21 在 $m \times n$ 棋盘上选两个不相邻 (没有公共边) 的方格. 问: 有多少种选法?

1.22 求不定方程 $x_1 + x_2 + \cdots + x_n = k$ 的整数解的个数, 其中 $x_i \geqslant i, i \in \{1, 2, \cdots, n\}$.

1.23 求不定方程 $x_1 + x_2 + x_3 + x_4 = 12$ 的整数解的个数, 其中 $x_1 \geqslant 0, x_2 \geqslant 1, x_3 \geqslant 2, 6 \geqslant x_4 \geqslant 1$.

1.24 从 $1, 2, 3, \cdots, 30$ 中取三个数, 使得它们的和能被 3 整除.

(1) 若取出的三个数均不相同, 有多少种取法?

(2) 若取出的三个数允许相同, 有多少种取法?

1.25 从 $1, 2, 3, \cdots, 30$ 中取三个数, 要求其中任意两个的差至少为 2, 有多少种取法?

1.26 (装盒问题 6) 用 n 个盒子装 k 个球. 若盒子有区别球无区别且每个盒子至少装一个球 $(k \geqslant n)$, 有多少种装法?

1.27 在 10^n 个 n 位整数 (0 也可以首位) 中, 如果一个整数可通过 n 个位置的置换变为另一个, 则称这两个整数是等价的.

(1) 有多少个不等价的整数?

(2) 如果 0 和 1 最多只能出现一次, 有多少个不等价的整数?

1.28 掷五个骰子, 其中有三个红色、两个蓝色. 若同色骰子是无区别的, 问: 共有多少种结果?

1.29 有 n 个砝码,

(1) 把这些砝码组合起来最多能拼出多少种不同的重量?

(2)* 若再加一个天平, 最多又能称出多少种不同的重量?

1.30 $(abc + abd + acd + bcd)^{10}$ 展开后共有多少不同的项? 其中, $a^8 b^5 c^9 d^8$ 的系数等于多少?

1.31 分别求 $(1 + x + 2x^3)^{10}$ 和 $\left(\dfrac{1}{x} + x + x^2 \right)^{10}$ 中 x^7 的系数. 能否判断哪些项 x^k 不在 $(1 + x + 2x^3)^{10}$ 和 $\left(\dfrac{1}{x} + x + x^2 \right)^{10}$ 的展开式中? (k 是任意正整数)

1.32* (q 二项式定理) 证明

$$(x + y)(x + qy)(x + q^2 y) \cdots (x + q^{n-1} y) = \sum_{i=0}^{n} (\mathrm{C}_n^i)_q x^{n-i} y^i,$$

其中

$$(\mathrm{C}_n^i)_q = \frac{n!_q}{i!_q (n-i)!_q} \text{ (称为 } q \text{ 二项式系数)}, \quad n!_q = \frac{\prod\limits_{j=1}^{n} (1 - q^j)}{(1-q)^n} \text{ (称为 } q \text{ 阶乘)}.$$

1.33 考虑由 $0, 1, 2$ 组成的 n 码三元序列.

(1)* 证明: 0 在其中出现偶数次的 n 码三元序列的个数是 $(3^n + 1)/2$;

(2) 用组合论证法证明

$$2^n \mathrm{C}_n^0 + 2^{n-2} \mathrm{C}_n^2 + \cdots + 2^{n-q} \mathrm{C}_n^q = \frac{3^n + 1}{2},$$

其中 q 是不超过 n 的最大偶数.

1.34 在杨辉三角中, 证明:

(1) 若第 n 行的第二个数是一个素数, 则该行除了 1 以外的所有数都是该素数的倍数;

(2)* 若 k 是把 n 表示为二进制数后 1 的个数, 则第 n 行中奇数的个数恰好等于 2^k.

1.35* (有序泊车函数, ordered parking function) 在例 1.4 的泊车问题中, 设偏好序列 $\alpha = (a_1, a_2, \cdots, a_n)$ 满足 $a_1 \leqslant a_2 \leqslant \cdots \leqslant a_n$. 证明: α 是一个泊车函数当且仅当对任意 $i \in \{1, 2, \cdots, n\}$, 均有 $a_i \leqslant i$. 这样的泊车函数也称为**有序泊车函数**.

1.36* 设 D 是一个凸 n 边形且任意三条对角线在 D 内部无公共点. 求以 D 的边、对角线及对角线的线段为边的三角形的个数.

1.37* 五个红苹果和八个绿苹果排成一个圆, 同色苹果无区别, 有多少种排法?

1.38* (装盒问题 14) 用 n 个盒子装 k 个球. 若盒子和球均有区别, 每个盒子至少装一个球 $(k \geqslant n)$, 球在盒中有序, 有多少种装法?

提示 先假设球无区别.

小课题 (厦门中秋博饼问题).

"厦门中秋博饼" 是在中秋节广泛流传于厦门及周边地区的一个民俗活动, 据传由郑成功当年驻兵厦门时发明. 请从历史和文化的视角对这一民俗写一个综述. 中秋博饼的规则不尽相同, 但大同小异. 请以如下规则为例 (表 1.2), 从数学的视角分析它的合理性并给出最合理的改进方法.

表 1.2 状元奖品由博饼过程中博得最大状元的人获得, 其他奖品先博先得, 奖完为止

奖品	数量	大/小	规则图解		说明
状元	1 个	大	状元插金花	(骰子)	得状元和两个对堂
			六勃红	(骰子)	除状元插金花所得, 得全部奖品
			遍地锦	(骰子)	除了状元得桌上所有奖品
			六勃黑	(骰子)	六个点数一样, 桌上奖品大家分
			五红	(骰子)	带点数大的为大
			五子登科	(骰子)	五个一样, 带点数大的为大 (4 点最大)
			状元	(骰子)	带 12 点最大, 3 点最小
对堂	2 个		榜眼	(骰子)	
三红	4 个		探花	(骰子)	
四进	8 个		进士	(骰子)	四个点数一样
二举	16 个		举人	(骰子)	两个 4 点
一秀	32 个	小	秀才	(骰子)	一个 4 点

第2章
母函数

母函数, 也称**生成函数**, 是处理组合计数问题的一个强有力工具, 其基本思想来源于朴素的加法原理、乘法原理和二项式定理. 本章学习普通母函数和指数母函数的基本思想方法, 以及运用母函数计算三个经典的计数问题, 即: 整数分拆、卡特兰数和格路问题.

2.1 普通母函数

例 2.1 从 $\nabla, \triangle, \diamond$ 3 个物中选出若干个来, 请列举出所有可能的取法模式 (包括什么都不取).

解法 1 直接列举, 共 2^3 种取法模式, 详情略.

解法 2 在取法中, ∇ 有两种情况: 被取到和未被取到. 由加法原理, 可用 "$1 + \nabla$" 表示 ∇ 是否被取到两种模式, 其中 "1" 表示 ∇ 未被取到, "∇" 表示取到 ∇. 对 $\triangle, \diamond$ 也做类似处理. 则由乘法原理, 所有可能的取法模式可如下表示:

$$(1 + \nabla) \times (1 + \triangle) \times (1 + \diamond) = 1 + \nabla + \triangle + \diamond + \nabla\triangle + \nabla\diamond + \triangle\diamond + \nabla\triangle\diamond.$$

在上式右端的展开模式中,

- "1" 告诉了我们什么都不取的模式;
- "$\nabla + \triangle + \diamond$" 告诉了我们取出一个的所有模式;
- "$\nabla\triangle + \nabla\diamond + \triangle\diamond$" 告诉了我们取出两个的所有模式;
- "$\nabla\triangle\diamond$" 告诉了我们取出三个的所有模式.

若不在乎取的是哪几个, 只关心取几个的**方法数**, 则上式可简化为

$$(1 + x)^3 = 1 + 3x + 3x^2 + x^3,$$

其中 x^i 前面的系数为取出 i 个物的方法数.

这显然可自然地推广到 n 个物的选取问题, 即二项式定理 (1) 的简化形式:

二项式定理

$$(1+x)^n = 1 + C_n^1 x + C_n^2 x^2 + \cdots + C_n^n x^n.$$

从例 2.1 的讨论中, 我们看到 $(1+x)^n$ 中的每一个括号代表一个物, 而 $1+x$ 则表示该物选取的两种模式, 即**不取**或**取出**. 注意 $1+x = x^0 + x^1$, 因而 "不取" 和 "取出" 可进一步量化解读为 "取 0 个" 和 "取 1 个". 故由乘法原理, $(1+x)^n$ 表示从 n 个不同的物中选出若干个来的表达式, 其中每一个物有两种取法模式, 即: 取 0 个, 或取 1 个. 进一步地, x^i 的指数 i 在乘积过程中准确地累加了所取物的个数, 因而扮演着 "计数器" 的角色. 这一朴素的思想是我们下面要介绍的母函数的理论基础.

普通母函数 若一个关于非负整数 i 的计数问题的方法数 c_i 可由一个幂级数 $C(x)$ 的系数表示, 即

$$C(x) = c_0 + c_1 x + c_2 x^2 + \cdots + c_i x^i + \cdots. \tag{6}$$

则称 $C(x)$ 是该计数问题或序列 $c_0, c_1, c_2, \cdots$ 的普通母函数, 简称**普母函数**.

例如, $(1+x)^n$ 就是组合数 C_n^i 的普母函数, 而 $(1-x)^{-1}$ 则是序列 $1, 1, 1, \cdots$ 的普母函数, 因为 $(1-x)^{-1} = 1 + x + x^2 + \cdots$ (在收敛半径内).

注 在 (6) 式中仅将变量 x 看作是一个收敛半径内不具有任何具体数值的代数符号, 因此称作**形式幂级数**.

例 2.2 求序列 $0, 1, 2, \cdots, n, \cdots$ 的普母函数.

解 设普母函数 $A(x) = 0 + x + 2x^2 + 3x^3 + \cdots + nx^n + \cdots$. 则

$$A(x) = 0 + x + 2x^2 + 3x^3 + \cdots + nx^n + \cdots$$

$$= x(1 + 2x + 3x^2 + \cdots + nx^{n-1} + \cdots)$$

$$= x \frac{\mathrm{d}}{\mathrm{d}x}(1 + x + x^2 + \cdots + x^n + \cdots)$$

$$= x \frac{\mathrm{d}}{\mathrm{d}x}\left(\frac{1}{1-x}\right)$$

$$= \frac{x}{(1-x)^2}.$$

例 2.3 求序列 $0, 1, 4, 9, \cdots, n^2, \cdots$ 的普母函数.

解 设普母函数 $A(x) = 0 + 1x + 4x^2 + 9x^3 + \cdots + n^2 x^n + \cdots$. 将 n^2 表示为如下形式:

$$n^2 = n^2 + 3n + 2 - 3(n+1) + 1 = (n+1)(n+2) - 3(n+1) + 1.$$

上式两端乘 x^n 并对 n 从 0 到 $+\infty$ 求和, 得

$$
\begin{aligned}
A(x) &= \sum_{n=0}^{+\infty}(n+1)(n+2)x^n - 3\sum_{n=0}^{+\infty}(n+1)x^n + \sum_{n=0}^{+\infty}x^n \\
&= \frac{\mathrm{d}^2}{\mathrm{d}x^2}\left(\sum_{n=0}^{+\infty}x^{n+2}\right) - 3\frac{\mathrm{d}}{\mathrm{d}x}\left(\sum_{n=0}^{+\infty}x^{n+1}\right) + \sum_{n=0}^{+\infty}x^n \\
&= \frac{\mathrm{d}^2}{\mathrm{d}x^2}\left(\frac{x^2}{1-x}\right) - 3\frac{\mathrm{d}}{\mathrm{d}x}\left(\frac{x}{1-x}\right) + \left(\frac{1}{1-x}\right) \\
&= \frac{2}{(1-x)^3} - \frac{3}{(1-x)^2} + \frac{1}{1-x}.
\end{aligned}
$$

接下来我们讨论运用普母函数处理组合问题. 在前面的分析中我们知道, $1+x$ 表示该物取 0 个或取 1 个两种选取模式. 若该物可重复选取, 或等价地说: 它有很多拷贝且拷贝是无区别的, 则由加法原理, 它的所有选取模式可表示为

$$1 + x + x^2 + \cdots + x^k + \cdots,$$

其中 x^k 的指数 k 表示取 k 个, 而它前面的系数 1 则表示取 k 个拷贝的方法数是一种 (因为拷贝是无区别的). 故由乘法原理, 我们得到可重组合的普母函数, 如下.

可重组合普母函数 从 n 个物中不限重复地取出若干个的计数的普母函数为

$$(1 + x + x^2 + \cdots + x^k + \cdots)^n.$$

在上面的可重选取中, 若对重复次数给予一定的限制, 则可表示为如下更一般的形式.

组合普母函数的一般形式 从 n 个物中**按一定条件**可重取出若干个的方法

数的普母函数为

$$(1 + c_{11}x + c_{12}x^2 + \cdots + c_{1k}x^k + \cdots)(1 + c_{21}x + c_{22}x^2 + \cdots + c_{2k}x^k + \cdots)\cdots$$

$$\times (1 + c_{n1}x + c_{n2}x^2 + \cdots + c_{nk}x^k + \cdots),$$

其中 c_{ij} 等于 0 或 1, 即: 若第 i 个物允许取出 j 次则 $c_{ij} = 1$, 否则 $c_{ij} = 0$.

关键点 每一个括号对应一个物, x^i 的指数 i 是该物取出的拷贝个数的计数器.

例 2.4 从两个物中可重复地取出总共不超过五个的普母函数为

$$(1 + x + x^2 + x^3 + x^4 + x^5)^2.$$

若进一步要求第一个物只能取出奇数个, 第二个物只能取出偶数个, 则其普母函数为

$$(x + x^3 + x^5)(1 + x^2 + x^4).$$

例 2.5 从三张 1 元纸币、四张 5 元纸币、一张 10 元纸币中取出若干张的方法数的普母函数为

$$(1 + x + x^2 + x^3)(1 + x + x^2 + x^3 + x^4)(1 + x).$$

在上例中, 若关心的是所选纸币的面值之和, 则它的普母函数中 x^i 的指数 i 应该计的是 "元" 而不是 "张", 如下例.

例 2.6 从三张 1 元纸币、四张 5 元纸币、一张 10 元纸币中取出若干张的面值之和的普母函数为

$$(1 + x + x^2 + x^3)(1 + x^5 + x^{10} + x^{15} + x^{20})(1 + x^{10}).$$

例 2.5 和例 2.6 两个例子说明在普母函数的运用中, 要明确计数器计的物是什么.

思考题 在上两个例子中, 若张数和面值都想知道, 则可用什么普母函数来表示?

例 2.7 有 k 类物, 每类两个物; l 类物, 每类一个物. 问: 有多少种方法选出 r 个.

解 该问题的母函数为

$$(1 + x + x^2)^k (1 + x)^l.$$

展开式中 x^r 的系数即为所求. 简单计算可得该系数为

$$\sum_{i=0}^{\lfloor r/2 \rfloor} C_k^i C_{k+l-i}^{r-2i},$$

其中 $\lfloor r/2 \rfloor$ 为 $r/2$ 的下整数.

例 2.8(可重组合数) 用母函数的方法证明从 n 个物中不限重复地选出 k 个物的方法数为

$$C_{n+k-1}^k.$$

证明 从 n 个物中不限重复地选出 k 个物的方法数的普母函数为

$$(1 + x + x^2 + \cdots + x^i + \cdots)^n = \left(\frac{1}{1-x}\right)^n.$$

运用 1.4 节的广义二项式定理及广义组合数, 我们有

$$
\begin{aligned}
(1-x)^{-n} &= \sum_{k=0}^{+\infty} C_{-n}^k (-x)^k \\
&= \sum_{k=0}^{+\infty} \frac{-n(-n-1)(-n-2)\cdots(-n-k+1)}{k!} (-1)^k x^k \\
&= \sum_{k=0}^{+\infty} C_{n+k-1}^k x^k.
\end{aligned}
$$

可得 x^k 的系数等于 C_{n+k-1}^k, 得证. □

例 2.9 从数量足够多的苹果和梨中选取若干个的方法数是多少? 其中苹果有红和绿两种, 同色无区别.

解 将红苹果和绿苹果看成是不同的两类物. 故选苹果和梨的方法数的普母函数为

$$(1 + x + x^2 + x^3 + x^4 + \cdots)^3 = \frac{1}{(1-x)^3} = \sum_{k=0}^{+\infty} C_{3+k-1}^k x^k.$$

注 在上例中, 我们把苹果和梨看成三类物来求它的母函数. 另一方面, 注意到

$$\frac{1}{(1-x)^3} = \frac{\mathrm{d}}{\mathrm{d}x}\left(\frac{1}{1-x}\right)\frac{1}{1-x}$$

$$= (1 + 2x + 3x^2 + 4x^3 + 5x^4 + \cdots) \times (1 + x + x^2 + x^3 + x^4 + \cdots).$$

$$(7)$$

则由乘法原理, 此式提示我们苹果和梨也可视为两类物来求解, 也即可把红苹果和绿苹果视为同一类. 事实上, 这完全可以从组合意义上解释: 不选苹果的方法当然是一种; 而选一个苹果的方法有 "红" 和 "绿" 两种; 选两个则有 "红红" "绿绿" "红绿" 三种. 一般地, 不难看出选 k 个苹果的方法数为 $k+1$ 种. 故选苹果的普母函数为

$$1 + 2x + 3x^2 + 4x^3 + 5x^4 + \cdots.$$

因此, 选苹果和梨的普母函数恰为 (7) 式.

这个例子告诉我们普母函数可以进一步推广为下面更一般的形式.

组合普母函数的推广形式 从 n 个物中**按一定条件**可重取出若干个的计数普母函数为

$$(1 + c_{11}x + c_{12}x^2 + \cdots + c_{1k}x^k + \cdots)(1 + c_{21}x + c_{22}x^2 + \cdots + c_{2k}x^k + \cdots)\cdots$$

$$\times (1 + c_{n1}x + c_{n2}x^2 + \cdots + c_{nk}x^k + \cdots),$$

其中 c_{ij} 为按题设条件从第 i 个物的拷贝中取出 j 个的方法数.

注 这一推广形式意味着在有些问题中拷贝可能是有区别的.

上面我们讨论了运用普母函数处理组合问题, 其中 "物" 和 "拷贝" 在建立母函数的过程中扮演了重要的角色. 母函数一旦建立, 组合问题便转化为求形式幂级数 (泰勒级数) 系数的问题, 这其中形式幂级数的和函数扮演着重要的角色. 这也为我们处理一般的计数问题提供了一个很好思路, 也即: 将计数问题从形式上建立它的形式幂级数, 进而通过和函数获得问题的答案. 在这一过程中我们甚至不需要知道什么是 "物". 在本节的最后, 我们介绍运用母函数计算和式的方法.

设 $S_n = \sum_k s(n,k)$ 是一个关于整数 n 的和式, 其中 $s(n,k)$ 是与 n 和 k 有关的组合式. 为了计算和式 S_n 的值, 建立普母函数 $S(x) = \sum_n S_n x^n$, 并将 $S(x)$ 化为如下形式:

$$S(x) = \sum_n S_n x^n = \sum_n x^n \sum_k s(n,k) = \sum_k \sum_n s(n,k)x^n,$$

在上式中求出 $\sum_n s(n,k)x^n$ 的母函数并据此求出 $S(x)$. 这一方法具有很好的通用性, 故被俗称为 "万金油法" (snake oil method).

例 2.10 设 n 是一个正整数. 计算和式 $\sum_{k=0}^{+\infty} \mathrm{C}_k^{n-k-1}$.

解 令

$$S_n = \sum_{k=0}^{+\infty} \mathrm{C}_k^{n-k-1}, \quad S(x) = \sum_{n=1}^{+\infty} S_n x^n.$$

则有

$$S(x) = \sum_{n=1}^{+\infty} x^n \sum_{k=0}^{+\infty} \mathrm{C}_k^{n-k-1} = \sum_{k=0}^{+\infty} \sum_{n=1}^{+\infty} \mathrm{C}_k^{n-k-1} x^n = \sum_{k=0}^{+\infty} x^{k+1} \sum_{n=1}^{+\infty} \mathrm{C}_k^{n-k-1} x^{n-k-1}.$$

注意, 当 $k < n-k-1$ 或 $n-k-1 < 0$ 时, 有 $\mathrm{C}_k^{n-k-1} = 0$. 因此,

$$\sum_{n=1}^{+\infty} \mathrm{C}_k^{n-k-1} x^{n-k-1} = \sum_{r=0}^{k} \mathrm{C}_k^r x^r = (1+x)^k,$$

其中 $r = n-k-1$. 故由广义二项式定理, 得

$$S(x) = \sum_{k=0}^{+\infty} x^{k+1}(1+x)^k = x \sum_{k=0}^{+\infty} (x+x^2)^k = \frac{x}{1-x-x^2}.$$

将等式右端表示为简单分式之和, 得

$$S(x) = \frac{1}{\sqrt{5}\left(1 - \dfrac{1+\sqrt{5}}{2}x\right)} - \frac{1}{\sqrt{5}\left(1 - \dfrac{1-\sqrt{5}}{2}x\right)}$$

$$= \frac{1}{\sqrt{5}} \sum_{n=0}^{+\infty} \left(\left(\frac{1+\sqrt{5}}{2}\right)^n - \left(\frac{1-\sqrt{5}}{2}\right)^n\right) x^n.$$

故

$$S_n = \frac{1}{\sqrt{5}} \left(\left(\frac{1+\sqrt{5}}{2} \right)^n - \left(\frac{1-\sqrt{5}}{2} \right)^n \right).$$

在例 4.4 中, 我们将看到上式是斐波那契数的解析表达式. 事实上, 题目中的和式 $\sum\limits_{k=0}^{+\infty} C_k^{n-k-1}$ 恰好是绪论中图 0.1 (右) 杨辉三角所示的列和.

例 2.11 设 $m, n, k \geqslant 0$. 证明:

$$\sum_{k=0}^{+\infty} C_m^k C_{n+k}^m = \sum_{k=0}^{+\infty} C_m^k C_n^k 2^k.$$

证明 令

$$L(x) = \sum_{n=0}^{+\infty} x^n \sum_{k=0}^{+\infty} C_m^k C_{n+k}^m, \quad R(x) = \sum_{n=0}^{+\infty} x^n \sum_{k=0}^{+\infty} C_m^k C_n^k 2^k.$$

则

$$L(x) = \sum_{k=0}^{+\infty} C_m^k x^{-k} \sum_{n=0}^{+\infty} C_{n+k}^m x^{n+k} = \left(1 + \frac{1}{x} \right)^m \frac{x^m}{(1-x)^{m+1}} = \frac{(1+x)^m}{(1-x)^{m+1}},$$

$$R(x) = \sum_{k=0}^{+\infty} C_m^k 2^k \sum_{n=0}^{+\infty} C_n^k x^n = \sum_{k=0}^{+\infty} C_m^k 2^k \frac{x^k}{(1-x)^{k+1}}$$

$$= \frac{1}{1-x} \sum_{k=0}^{+\infty} C_m^k \left(\frac{2x}{1-x} \right)^k = \frac{1}{1-x} \left(1 + \frac{2x}{1-x} \right)^m = \frac{(1+x)^m}{(1-x)^{m+1}},$$

其中 $L(x)$ 和 $R(x)$ 的第二个等号均用到了广义二项式定理. 故 $L(x) = R(x)$. $\quad\square$

2.2　整 数 分 拆

整数分拆　一个整数的分拆是把该整数分成若干个正整数部分的和, 各部分的次序无关紧要. 例如整数 5 的所有分拆为

$$5$$
$$= 4 + 1$$
$$= 3 + 2$$
$$= 3 + 1 + 1$$
$$= 2 + 2 + 1$$
$$= 2 + 1 + 1 + 1$$
$$= 1 + 1 + 1 + 1 + 1.$$

故整数 5 分拆的方法数为 7, 称为**分拆数**. 记 $p(n)$ 为正整数 n 的分拆数, 以下列出 $n = 1, 2, \cdots, 10$ 的整数分拆数 (附录列出了 $n = 1, 2, \cdots, 60$ 的分拆数).

n	1	2	3	4	5	6	7	8	9	10
$p(n)$	1	2	3	5	7	11	15	22	30	42

思考题 (1) 整数分拆对应于什么样的装盒问题?

(2) 把一个整数 n 分拆成 k $(k \leqslant n)$ 个部分相当于前面学过的什么样的组合问题?

整数分拆的普母函数 整数 n 的一个分拆其本质是 $1, 2, 3, \cdots$ 在分拆中各出现了多少次. 这相当于从所有正整数中不限重复地取出若干个, 使得它们的和等于 n. 注意在分拆中每一个 1 对和的贡献是 1, 每一个 2 对和的贡献是 2. 一般地, 每一个 i 对和的贡献是 i. 因而按照 2.1 节例 2.6 的处理方法, 其普母函数如下 (为方便计算, 令 $p(0) = 1$):

$$\sum_{n=0}^{+\infty} p(n)x^n = \left(1 + x + x^2 + \cdots\right)\left(1 + x^2 + x^4 + \cdots\right)\left(1 + x^3 + x^6 + \cdots\right)\cdots$$

$$= \prod_{k=1}^{+\infty} \frac{1}{1 - x^k}. \tag{8}$$

例 2.12 求 1 必须出现, 2 不能出现, 3 只能出现奇数次, 最大部分不超过 5

的整数分拆数的普母函数.

解 由于 1 必须出现, 它所对应的普母函数为 $x + x^2 + x^3 + \cdots$. 类似地, 2 不能出现, 故普母函数为 1; 3 只能出现奇数次, 其普母函数为 $x^3 + x^9 + x^{15} + \cdots$; 而最大部分不超过 5 说明比 5 大的数都不出现, 故它们的普母函数都为 1. 因此, 满足题设的分拆普母函数为

$$(x + x^2 + x^3 + \cdots)(x^3 + x^9 + x^{15} + \cdots)(1 + x^4 + x^8 + \cdots)(1 + x^5 + x^{10} + \cdots)$$

$$= \frac{x^4}{(1-x)(1-x^6)(1-x^4)(1-x^5)}.$$

例 2.13 给定正整数 n 和 k, 设 a_n 为将正整数 n 分拆成最大部分不超过 k 的分拆数. 求 a_n 的普母函数.

解 根据题意直接可得

$$\sum_{n=0}^{+\infty} a_n x^n = (1 + x + x^2 + \cdots)(1 + x^2 + x^4 + \cdots) \cdots (1 + x^k + x^{2k} + \cdots)$$

$$= \frac{1}{(1-x)(1-x^2) \cdots (1-x^k)}. \tag{9}$$

例 2.14 (装盒问题 12) 用 n 个盒子装 k 个球. 若盒子和球均无区别, 每个盒子装球数不限且 $n \geqslant k$. 试求装法数的普母函数.

解 因盒子和球均无区别, 故只需在意盒子中球的个数. 设 n 个盒子中的球数分别为 $r_1, r_2, \cdots, r_n$, 则这个装法对应于整数 k 的分拆 $r_1 + r_2 + \cdots + r_n$ (某些 r_i 可能是 0). 显然这是一个一一对应. 另一方面, 由于球的数目是 k, 分拆中的每一部分均不大于 k. 故所求装法数的普母函数为 (9) 式.

对一个整数分拆, 各部分的次序无关紧要, 重要的是每个数字出现的次数. 因此可规定整数分拆的一个标准写法: 按出现的数字从大到小排列. 例如 $5 + 2 + 2 + 7 + 5$ 是整数 21 的一个分拆, 其标准写法为 $7 + 5 + 5 + 2 + 2$. 对于一个标准写法, 我们可以直观地将每个数字用一行相同数目的黑点 • 表示, 并将各行向左边对齐, 形成一个点阵图, 称为整数分拆的 **Ferrers 图**. 例如, $7 + 5 + 5 + 2 + 2$ 的

Ferrers 图如图 2.1.

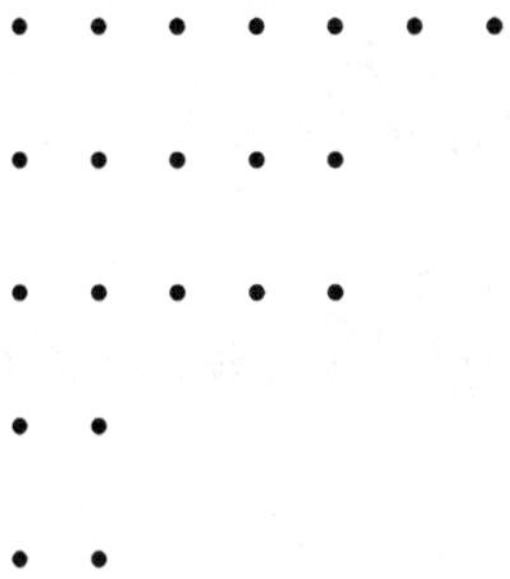

图 2.1

例 2.15 给定正整数 n 和 k, 设 b_n 为将正整数 n 分拆成最多 k 个部分的分拆数. 求 b_n 的普母函数.

解 直接求此题的普母函数不太容易, 但可借助 Ferrers 图: 将一个满足题设的整数分拆的 Ferrers 图做类似于矩阵的转置变换, 则可得到另一个 Ferrers 图, 其所对应的整数分拆满足最大部分不超过 k, 反之亦然. $n = 5, k = 3$ 的情形如图 2.2 所示.

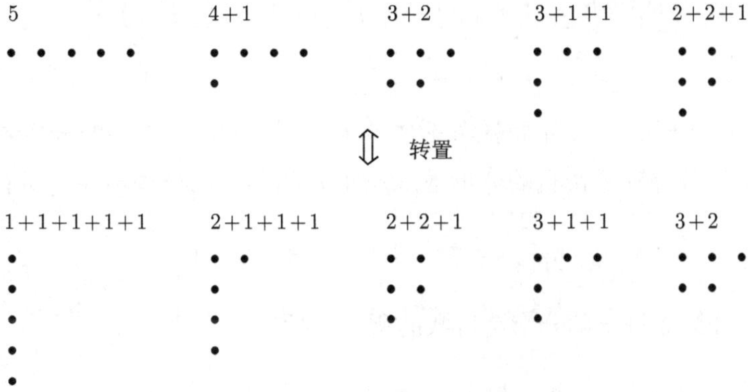

5 4+1 3+2 3+1+1 2+2+1

⇕ 转置

1+1+1+1+1 2+1+1+1 2+2+1 3+1+1 3+2

图 2.2 Ferrers 图与转置

由此我们得到与例 2.13 题设的整数分拆之间的一个一一对应, 故 $b_n = a_n$. 由例 2.13 的结果可知

$$\sum_{n=0}^{+\infty} b_n x^n = \sum_{n=0}^{+\infty} a_n x^n = \frac{1}{(1-x)(1-x^2)\cdots(1-x^k)}.$$

思考题 能否写出正整数 n 分拆成恰好 k $(k \leqslant n)$ 个部分的分拆数的普母函数?

例 2.16 设 o_n 为将正整数 n 分拆成每一部分都是奇数的分拆数. 求 o_n 的普母函数.

解 由于分拆中只能出现奇数, 故其普母函数为

$$\sum_{n=0}^{+\infty} o_n x^n = (1+x+x^2+\cdots)(1+x^3+x^6+\cdots)\cdots(1+x^{2k+1}+x^{2(2k+1)}+\cdots)\cdots$$

$$= \frac{1}{(1-x)(1-x^3)\cdots(1-x^{2k+1})\cdots}.$$

例 2.17 设 d_n 为将正整数 n 分拆成若干个不同的部分之和的分拆数. 求 d_n 的普母函数.

解 根据题意, 每一个正整数 i $(1 \leqslant i \leqslant n)$ 在分拆中最多出现一次, 故 i 的普母函数为 $1+x^i$. 因此, 该分拆数的普母函数为

$$\sum_{n=0}^{+\infty} d_n x^n = (1+x)(1+x^2)(1+x^3)\cdots(1+x^i)\cdots.$$

例 2.18 证明: 一个正整数分拆成若干个不同的部分之和的分拆数等于这个数分拆成每一部分都是奇数的分拆数. 例如, 6 的各个部分均不同的所有分拆为

$$6, \quad 5+1, \quad 4+2, \quad 3+2+1$$

四种. 而 6 分拆成每一部分都是奇数的所有分拆也是四种:

$$5+1, \quad 3+3, \quad 3+1+1+1, \quad 1+1+1+1+1+1.$$

证法 1 由例 2.17, 正整数分拆成若干个不同部分之和的普母函数为

$$\sum_{n=0}^{+\infty} d_n x^n = (1+x)(1+x^2)(1+x^3)(1+x^4)\cdots(1+x^k)\cdots$$

$$= \frac{1-x^2}{1-x} \cdot \frac{1-x^4}{1-x^2} \cdot \frac{1-x^6}{1-x^3} \cdot \frac{1-x^8}{1-x^4} \cdots \frac{1-x^{2k}}{1-x^k} \cdots$$

$$= \frac{1}{(1-x)(1-x^3)(1-x^5)\cdots}.$$

此即例 2.16 的普母函数, 故 $d_n = o_n$. □

证法 2 设 $D(n)$ 为每部分均不同的整数 n 的所有分拆的集合, $O(n)$ 为每部分均为奇数的 n 的所有分拆的集合. 故 $|D(n)| = d_n$ 且 $|O(n)| = o_n$. 对 $D(n)$ 中的任意一个分拆, 若该分拆中有偶数, 则逐次将这些偶数拆成对半两个部分, 直到所有部分均为奇数. 反之, 对 $O(n)$ 中的任何一个分拆, 若该分拆中有相同的数, 则逐次将这些数合并, 直到所有数字均不相同. 以下为 $n = 7$ 的例子:

$D(7)$		$O(7)$
7	$\longleftrightarrow$	7
$6+1$	$\longleftrightarrow$	$3+3+1$
$5+2$	$\longleftrightarrow$	$5+1+1$
$4+3$	$\longleftrightarrow$	$3+1+1+1+1$
$4+2+1$	$\longleftrightarrow$	$1+1+1+1+1+1+1$

不难证明这样的对应是 $D(n)$ 与 $O(n)$ 之间的一一对应 (留作习题), 故 $d_n = o_n$, 得证. □

例 2.19 证明: 任何一个正整数都可唯一地表示为一个二进制整数.

证明 因为

$$(1-x)(1+x)(1+x^2)(1+x^4)(1+x^8)\cdots(1+x^{2^k})\cdots$$

$$= (1-x^2)(1+x^2)(1+x^4)(1+x^8)\cdots(1+x^{2^k})\cdots$$

$$= (1-x^4)(1+x^4)(1+x^8)\cdots(1+x^{2^k})\cdots$$

$$\cdots\cdots$$

$$= 1 \quad (因为 \ |x| < 1),$$

故

$$\frac{1}{1-x} = (1+x)(1+x^2)(1+x^4)(1+x^8)\cdots(1+x^{2^k})\cdots.$$

另一方面, 注意

$$\frac{1}{1-x} = 1 + x + x^2 + x^3 + x^4 + \cdots.$$

所以,

$$(1+x)(1+x^2)(1+x^4)(1+x^8)\cdots(1+x^{2^k})\cdots = 1 + x + x^2 + x^3 + x^4 + \cdots.$$

进一步地, 上式左端可解读为一个正整数分拆成形如 $1, 2, 4, 8, \cdots, 2^k, \cdots$ 的部分之和且每一部分最多出现一次的分拆数的普母函数. 这等价于将一个正整数表示为二进制的方法数. 而右端各项系数均为 1, 说明表示法唯一. □

k-拆分 整数 n 分拆成恰好 k 个部分的分拆称为 n 的一个 k-拆分, 方法数记为 $p_k(n)$. 当 $n > k$ 时, 有

$$p_k(n) = \sum_{i=1}^{k} p_i(n-k).$$

证明 对任意 $i \in \{1, 2, \cdots, k\}$, 设 P_k^i 为分拆中大于 1 的部分的个数为 i 的所有 k-拆分的集合. 易见, $P_k^1, P_k^2, P_k^3, \cdots, P_k^k$ 是所有 k-拆分的一个分类. 对 P_k^i 中的任意一个分拆, 将它的每一部分均减 1, 则得到整数 $n-k$ 的一个 i-拆分. 反之, 对整数 $n-k$ 的任意一个 i-拆分, 将它的每一部分均加 1, 再添加 $k-i$ 个 1 作为 $k-i$ 个新的部分, 则得到整数 n 的一个 k-拆分. 这显然是一个一一对应, 故 $|P_k^i| = p_i(n-k)$. 再由加法原理, 命题得证. □

从上面的讨论我们看到母函数在处理某些整数分拆问题时是很有力的. 但从计算的角度, 当整数稍大一些时, 计算量是呈指数级增长的. 下面将介绍一个相对有效的计算方法.

欧拉五角数公式*

$$\prod_{k=1}^{+\infty}(1-x^k) = \sum_{k=0}^{+\infty}(-1)^k x^{k(3k\pm1)/2},$$

其中 $k(3k \pm 1)/2$ 称为广义五角数.

上述公式可展开为

$$\prod_{k=1}^{+\infty}(1-x^k) = 1 + \sum_{k=1}^{+\infty}(-1)^k \left(x^{k(3k+1)/2} + x^{k(3k-1)/2}\right)$$

$$= 1 - x - x^2 + x^5 + x^7 - x^{12} - x^{15} + x^{22} + x^{26} - x^{35} - x^{40} + \cdots.$$

结合 (8) 式可得

$$(1-x-x^2+x^5+x^7-x^{12}-x^{15}+x^{22}+x^{26}-x^{35}-x^{40}+\cdots)(1+p(1)x+p(2)x^2+\cdots) = 1.$$

除了常数项 1, 上式右端的所有系数均为 0. 由此得到整数分拆的一个递推算法:

$$p(n) = p(n-1) + p(n-2) - p(n-5) - p(n-7) + p(n-12) + p(n-15)$$

$$- p(n-22) - p(n-26) + p(n-35) + p(n-40) - \cdots. \tag{10}$$

这是目前为止计算整数分拆最有效率的算法之一. 尽管如此, 当 n 非常大时, 欧拉五角公式使用起来仍然相当复杂. 若不追求精确的答案, 在本节的最后我们介绍整数分拆数的一个经典的渐近估值.

哈代-拉马努金渐近公式[*]

$$p(n) \sim \frac{1}{4n\sqrt{3}} e^{\pi\sqrt{\frac{2n}{3}}}.$$

2.3 卡特兰数与格路问题

卡特兰数 (Catalan number)　编号为 $1, 2, 3, \cdots, 2n$ 的 $2n$ 个点顺序组成一圈, 用直线段将它们配对连接且线段不能出现交叉. 这样连接配对的方法数称为卡特兰数, 记为 C_n (定义 $C_0 = 1$). 易知 $C_1 = 1$, $C_2 = 2$. 当 $n = 3$ 时 $C_3 = 5$, 图 2.3 为所有配对.

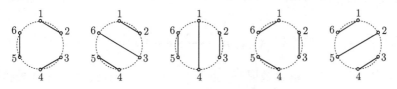

图 2.3　$n = 3$ 时所有的卡特兰配对

现在我们来计算 C_n. 注意每个点都要和唯一的一个点配对且奇偶性相异. 不妨设 1 和 $2i$ 配对. 则连接 1 和 $2i$ 的线段将剩余 $2n-2$ 个点分成了两个区域, 一

个区域有 $2i - 2$ 个点, 另一个区域有 $2n - 2i$ 个点. 进一步地, 由于线段不能交叉, 两个区域的点只能在各自的区域内配对, 因而这样的配对数目等于 $C_{i-1} \times C_{n-i}$.

考虑所有可能和 1 配对的点: $2, 4, \cdots, 2n$. 由此得到了配对模式的一个分类:

- 1 与 2 配对, 则其他点配对的方法数为 $C_0 C_{n-1}$;
- 1 与 4 配对, 则其他点配对的方法数为 $C_1 C_{n-2}$;
- 1 与 6 配对, 则其他点配对的方法数为 $C_2 C_{n-3}$;

......

- 1 与 $2n$ 配对, 则其他点配对的方法数为 $C_{n-1} C_0$.

由此得 C_n 的一个递推关系式:

$$C_n = C_0 C_{n-1} + C_1 C_{n-2} + C_2 C_{n-3} + \cdots + C_{n-1} C_0. \tag{11}$$

设卡特兰数 C_n 的普母函数为

$$C(x) = C_0 + C_1 x + C_2 x^2 + C_3 x^3 + \cdots.$$

将上式两端平方, 则由 (11) 式得

$$\begin{aligned}
C^2(x) &= C_0 C_0 + (C_0 C_1 + C_1 C_0)\, x + (C_0 C_2 + C_1 C_1 + C_2 C_0)\, x^2 \\
&\quad + (C_0 C_3 + C_1 C_2 + C_2 C_1 + C_3 C_0)\, x^3 + \cdots \\
&= C_1 + C_2 x + C_3 x^2 + C_4 x^3 + \cdots \\
&= \frac{1}{x}(C(x) - C_0).
\end{aligned}$$

故

$$x C^2(x) - C(x) + 1 = 0. \tag{12}$$

将 $C(x)$ 视作未知量, 解得

$$C(x) = \frac{1 \pm \sqrt{1 - 4x}}{2x}.$$

现考虑将上式按 x 幂级数展开. 由于 $(1 + \sqrt{1 - 4x})/2x$ 在 $x = 0$ 处极限不存在, 故仅考虑 $(1 - \sqrt{1 - 4x})/2x$. 由 1.4 节的广义二项式定理, 得

$$\sqrt{1 - 4x} = 1 + \sum_{n=1}^{+\infty} \frac{\frac{1}{2}\left(\frac{1}{2} - 1\right) \cdots \left(\frac{1}{2} - n + 1\right)}{n!} (-4x)^n$$

$$= 1 - \sum_{n=1}^{+\infty} \frac{1 \times 3 \times 5 \times \cdots \times (2n-3)}{n!} (2x)^n$$

$$= 1 - 2 \sum_{n=1}^{+\infty} \frac{(2n-2)!}{n!(n-1)!} x^n$$

$$= 1 - 2 \sum_{n=1}^{+\infty} \frac{1}{n} C_{2n-2}^{n-1} x^n.$$

故 $(1 - \sqrt{1-4x})/(2x)$ 的幂级数展开式中 x^n 的系数, 即卡特兰数 C_n, 为

$$C_n = \frac{1}{n+1} C_{2n}^n. \tag{13}$$

卡特兰配对问题有许多等价的经典模型, 详见附录. 下面我们介绍其中的一个, 即迪克路问题.

格路 (lattice path) 在 $n \times n$ 网格上从点 0 走到点 n, 要求每一步只能沿方向 ↗ 或 ↘, 称为长为 $2n$ 的格路, 如图 2.4(a) (其中 $n = 6$). 显然这样的走法恰有 n 个向上步 ↗ 和 n 个向下步 ↘. 易验证所有格路的条数等于 C_{2n}^n (习题 1.13).

迪克路 (Dyck path) **问题** 不走到 x 轴下方的格路称为迪克路. 所有长为 $2n$ 的迪克路的数目等于卡特兰数 C_n.

例如, 图 2.4(a) 的格路就是一条长为 12 的迪克路. 下面我们将用三种不同的方法证明.

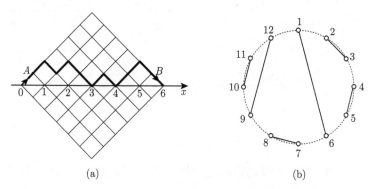

图 2.4 (a) 一条迪克路; (b) 迪克路所对应的卡特兰配对

证法 1 (一一对应) 设 P 是一条不走到 x 轴下方的迪克路. 设 $s_1, s_2, \cdots, s_t =$

n 是 P 在 x 轴上从左到右的所有返回点 (即除点 0 外, P 与 x 轴的所有公共点). 建立 P 与如下卡特兰配对相对应 (用 $i \sim j$ 表示 i 与 j 配对):

$$1 \sim 2s_1, 2s_1 + 1 \sim 2s_2, 2s_2 + 1 \sim 2s_3, \cdots, 2s_{t-1} + 1 \sim 2s_t = 2n.$$

在此配对下, 剩下的 $2n - 2t$ 个点被分成了 t 个区域, 每一个点只能在所在区域内部配对. 现将 x 轴上移至网格的上一层格点 (即格点 A 与 B 所在的直线, 如图 2.4(a)), 则 P 被分成了 t 个子迪克路且每一条都不走到 "新" x 轴的下方, 令它们分别对应那 t 个区域. 对每一个子迪克路及所对应的区域重复上面的做法, 以此递归. 易见, 上述对应关系是一个一一对应. 例如, 图 2.4 是一条迪克路及其所对应的卡特兰配对. □

证法 2(母函数) 设迪克路的普母函数为 $G(x) = G_0 + G_1 x + G_2 x^2 + G_3 x^3 + \cdots$.

迪克路的第一步一定是以 ↗ 离开 x 轴从 0 走到 A, 而最后一步一定是以 ↘ 从 B 走到 n 返回 x 轴. 中间可能在某一步返回 x 轴, 但下一步一定是又离开 x 轴.

情形 1 除最后返回 n, 中间没有返回 x 轴, 如图 2.5(a). 将 x 轴上移至网格的上一层格点, 如图 2.5(b). 此时可视为在 $(n-1) \times (n-1)$ 网格上从 A 走到 B 的迪克路, 因而走法数为 G_{n-1}.

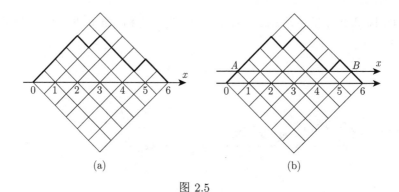

图 2.5

注意从 A 到 B 的步数比原问题恰好少两步, 故其 x^{n-1} 的系数 G_{n-1} 是对原问题母函数中的 x^n 的系数做贡献. 因此, 在中间没有返回的情形下走法数的母函数为

$$xG(x). \tag{14}$$

情形 2 中间返回了 k 次 ($k > 1$, 含最后返回点 n). 则对任意 $i, 1 \leqslant i \leqslant k-1$, 从第 i 次离开到下一次返回等价于情形 1. 故这一段的走法数的母函数为 $xG(x)$. 故由乘法原理, 返回 x 轴的总次数为 k 的走法数的母函数为

$$\underbrace{(xG(x))(xG(x))\cdots(xG(x))}_{k} = x^k G^k(x). \tag{15}$$

注意 k 可取任何自然数 (包括 0). 故由加法原理, 母函数 $G(x)$ 满足

$$G(x) = 1 + xG(x) + x^2 G^2(x) + \cdots + x^i G^i(x) + \cdots = \frac{1}{1 - xG(x)}.$$

整理得

$$xG^2(x) - G(x) + 1 = 0, \tag{16}$$

此即 (12) 式, 故 $G_n = C_n$. □

思考题 同样运用母函数, 能否给出一个比上述更简洁的方法得到 (16) 式?

思考题 前面的卡特兰 "配对问题" 能否也不借助系数的递推关系 (11) 而直接建立普母函数关系式 (12)?

证法 3 (一一对应) 迪克路的数目等于所有长为 $2n$ 的格路的数目减去非迪克路的数目 (即: 走到 x 轴下方的格路的数目). 而前者的数目已经知道等于 C_{2n}^n, 因此我们只需计算非迪克路的数目.

设 P 是一条非迪克路且设 s 是 P 走到 x 轴下方的第一个格点, 称为 P 的反射点, 如图 2.6. 把反射点 s 后的所有 $\nearrow$ 与 $\searrow$ 互换, 则所得的格路 P' 一定结束在 n 正下方两层处的格点, 记为 t, 如图 2.6(b). 显然 P' 恰有 $n-1$ 个 $\nearrow$ 和 $n+1$ 个 $\searrow$. 反之, 任给一条从 0 走到 t 的格路 P', 则它一定会穿越 x 轴. 将 P' 走到 x 轴下方的第一个格点后的所有 $\nearrow$ 与 $\searrow$ 互换, 则得到一个非迪克路 P. 易验证这样的对应方式是一个一一对应.

进一步地, 从 0 走到 t 的格路 P' 的数目显然等于 C_{2n}^{n-1} (习题 1.13), 故迪克路的数目为

$$C_{2n}^n - C_{2n}^{n-1} = \frac{1}{n+1} C_{2n}^n,$$

得证. □

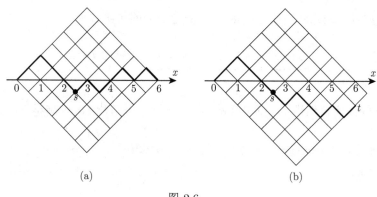

$$(a) \qquad\qquad\qquad\qquad (b)$$

图 2.6

思考题 设 G'_n 为不走到 x 轴下方且仅在最后一步返回 x 轴的 $2n$ 步迪克路的数目. 能否运用母函数

$$G'(x) = 1 + G'_1 x + G'_2 x^2 + G'_3 x^3 + \cdots$$

计算出 G'_n 和 G_n?

在格路问题中, 若把所有从 0 到 n 的格路依照在 x 轴下方所走的步数分类, 则共有 $n+1$ 类, 其中第 k $(0 \leqslant k \leqslant n)$ 类在 x 轴的下方走 $2k$ 步. 进一步地, 我们注意迪克路的数目 $C_n = \dfrac{1}{n+1} C_{2n}^n$ 恰好是全部格路数目按 $n+1$ 类的平均数. 这并不是巧合, 事实上我们有下面更强的经典结果.

钟-费勒定理[*] (Chung-Feller theorem) 长为 $2n$ 且在 x 轴的下方恰好走 $2k$ $(0 \leqslant k \leqslant n)$ 步的格路的数目与 k 无关, 都等于卡特兰数 C_n. 该结果也称为**格路均匀划分定理**.

证明 设 P 是一条格路. 若 P 在某一步从 x 轴上方穿过 x 轴走到下方或从 x 轴下方穿过 x 轴走到上方, 则称为 P 的一次穿越. 注意若返回 x 轴的次数为 i, 则穿越 x 轴的次数至多为 $i-1$. 当 P 返回 x 轴的次数为 1 时, 则 P 不可能穿越 x 轴. 此时, 类似于 (14) 式的讨论, 其对应的母函数为

$$xC(x) + yC(y),$$

其中 $xC(x)$ 表示在 x 的上方走, 而 $yC(y)$ 表示在 x 的下方走. 当 P 返回 x 轴的次数为 2 时, 则 P 穿越 x 轴所有可能的情况如下.

(1) 不穿越 x 轴. 此时 P 始终走在 x 轴的上方或下方. 注意返回次数为 2, 故由类似于 (15) 式的讨论, 走法数的普母函数为 $x^2C^2(x) + y^2C^2(y)$, 其中 $x^2C^2(x)$ 表示在 x 的上方走, 而 $y^2C^2(y)$ 表示在 x 的下方走.

(2) 穿越 x 轴一次. 则 P 可先在 x 轴的上方走再穿越 x 轴走下方, 或先在 x 轴的下方走再穿越 x 轴走上方. 注意返回次数为 2, 因此穿越前和穿越后的返回次数都只能分别为 1. 故走法数的普母函数为

$$xC(x)yC(y) + yC(y)xC(x) = 2xC(x)yC(y).$$

综上, 当 P 返回 x 轴的次数为 2 时, P 的走法数的普母函数为

$$x^2C^2(x) + y^2C^2(y) + 2xC(x)yC(y) = (xC(x) + yC(y))^2.$$

一般地, 易验证当 P 返回 x 轴的次数为 i 时, P 的走法数的普母函数为

$$(xC(x) + yC(y))^i.$$

因此, P 的普母函数为

$$1 + (xC(x) + yC(y)) + (xC(x) + yC(y))^2 + (xC(x) + yC(y))^3 + \cdots, \quad (17)$$

其中 x 的次幂表示 P 在 x 轴的上方走的步数的一半; y 的次幂表示 P 在 x 轴的下方走的步数的一半.

由 (12) 易证明 (17) 式等于

$$\frac{1}{1 - xC(x) - yC(y)} = \frac{xC(x) - yC(y)}{x - y}$$

$$= \frac{\sum_{n=0}^{+\infty} C_n(x^{n+1} - y^{n+1})}{x - y} = \sum_{n=0}^{+\infty} C_n \sum_{k=0}^{n} x^k y^{n-k}. \qquad \square$$

2.4 指数母函数

本节将介绍处理排列问题的母函数. 在 2.1 节中, 我们已经知道 n 个物的可重组合普母函数为

$$(1 + x + x^2 + x^3 + \cdots)^n,$$

其中每一个物对应普母函数 $1 + x + x^2 + x^3 + \cdots$. 现以两个物为例考虑从中不限重复地选取若干个排列的母函数.

错误的方法 由于每一个物取出 i 个拷贝排列的方法数为 1, 若运用普母函数的思想处理, 则该物的排列普母函数也是 $1 + x + x^2 + x^3 + \cdots$. 由此, 其排列 "母函数" 为

$$(1 + x + x^2 + x^3 + \cdots)^2 = 1 + 2x + 3x^2 + 4x^3 + \cdots.$$

注意展开式中 x 的系数为 2, x^2 的系数为 3, x^3 的系数为 4. 显然这些结果都是错误的.

但另一个例子给了我们一个启发:

$$(1 + x)^n = C_n^0 + C_n^1 x + C_n^2 x^2 + \cdots + C_n^i x^i + \cdots + C_n^n x^n$$

$$= 1 + A_n^1 \frac{x}{1!} + A_n^2 \frac{x^2}{2!} + \cdots + A_n^i \frac{x^i}{i!} + \cdots + A_n^n \frac{x^n}{n!}.$$

进一步地, 注意到 $1 + x = 1 + x/1!$. 由此推广, 我们引入下述定义.

指数母函数 若一个关于正整数 n 的计数问题的方法数 p_n 可由一个幂级数 $P(x)$ 中 $x^n/n!$ 的系数表示, 即

$$P(x) = p_0 + p_1 \frac{x}{1!} + p_2 \frac{x^2}{2!} + \cdots + p_n \frac{x^n}{n!} + \cdots.$$

则称 $P(x)$ 是该计数问题或序列 $p_0, p_1, p_2, \cdots$ 的指数母函数, 简称**指母函数**.

例如, $(1 + x)^n$ 就是排列数 A_n^i 的指母函数, 而 e^x 则是序列 $1, 1, 1, \cdots$ 的指母函数, 因为

$$e^x = 1 + \frac{x}{1!} + \frac{x^2}{2!} + \cdots + \frac{x^n}{n!} + \cdots.$$

这也是指数母函数中 "指数" 二字的由来.

在 2.1 节我们已看到普母函数是处理组合问题的一个有力的工具. 由于指数函数 e^x 所具有的特殊性质, 下面我们将看到指数母函数是处理排列问题的一个有力工具.

可重排列指母函数　一个物不限重复地选出若干个排列的指母函数为

$$1 + \frac{x}{1!} + \frac{x^2}{2!} + \frac{x^3}{3!} + \cdots + \frac{x^i}{i!} + \cdots.$$

由此, 从 n 个物中不限重复地选出 i 个排列的方法数等于指母函数

$$\left(1 + \frac{x}{1!} + \frac{x^2}{2!} + \frac{x^3}{3!} + \cdots + \frac{x^i}{i!} + \cdots\right)^n$$

展开式中 $x^i/i!$ 的系数.

证明　仅对 $n = 2$ 证明, 一般情形类似. 注意

$$\left(1 + \frac{1}{1!}x + \frac{1}{2!}x^2 + \frac{1}{3!}x^3 + \cdots + \frac{1}{i!}x^i + \cdots\right)^2$$

的展开式中 x^i 的系数为

$$\sum_{k=0}^{i} \frac{1}{k!} \frac{1}{(i-k)!}.$$

故 $x^i/i!$ 的系数为

$$\sum_{k=0}^{i} \frac{i!}{k!(i-k)!}.$$

注意上述和式中 $i!/(k!(i-k)!)$ 等于第 1 章介绍的 "类排列" 的方法数, 即: 两类物, 一类 k 个物, 另一类 $i-k$ 个物. 由于 k 从 0 取到 i, 所有这些类排列恰好是两个物所有的可重排列.　　　　　□

例 2.20　从两个物中不限重复地取出若干个排列, 要求第一个物最多只能出现五次. 则它的指母函数为

$$\left(1 + \frac{x}{1!} + \frac{x^2}{2!} + \cdots + \frac{x^5}{5!}\right)\left(1 + \frac{x}{1!} + \frac{x^2}{2!} + \cdots + \frac{x^i}{i!} + \cdots\right)$$

$$= \left(1 + \frac{x}{1!} + \frac{x^2}{2!} + \cdots + \frac{x^5}{5!}\right)e^x.$$

例 2.21 从两个物中不限重复地取出若干个排列, 要求第一个物只能出现奇数次, 第二个物只能出现偶数次. 则这样的排列方法数的指母函数为

$$\left(\frac{x}{1!} + \frac{x^3}{3!} + \frac{x^5}{5!} + \cdots \right) \left(1 + \frac{x^2}{2!} + \frac{x^4}{4!} + \cdots \right)$$

$$= \frac{1}{2}(e^x - e^{-x}) \times \frac{1}{2}(e^x + e^{-x})$$

$$= \frac{1}{4}(e^{2x} - e^{-2x})$$

$$= \frac{1}{4}\left(\left(1 + \frac{(2x)}{1!} + \frac{(2x)^2}{2!} + \cdots \right) - \left(1 + \frac{(-2x)}{1!} + \frac{(-2x)^2}{2!} + \cdots \right) \right)$$

$$= \frac{x}{1!} + 2^2 \times \frac{x^3}{3!} + 2^4 \times \frac{x^5}{5!} + \cdots + 2^{2i} \times \frac{x^{2i+1}}{(2i+1)!} + \cdots.$$

因此, 当 n 为偶数时, 取出 n 个排列的方法数为 0; 当 n 为奇数时, 方法数等于 2^{n-1}.

例 2.22(例 1.8) 求含有偶数个 0 的 n 码二元 (0 和 1) 序列的数目, 这里 0 个被视为偶数个.

解 由上题, 含有偶数个 0 的指母函数为

$$1 + \frac{x^2}{2!} + \frac{x^4}{4!} + \cdots = \frac{1}{2}(e^x + e^{-x}).$$

故含有偶数个 0 的 n 码二元序列的指母函数为

$$\frac{1}{2}(e^x + e^{-x})e^x = \frac{1}{2}(e^{2x} + 1)$$

$$= \frac{1}{2} + \frac{1}{2}\left(1 + 2 \times \frac{x}{1!} + 2^2 \times \frac{x^2}{2!} + \cdots + 2^n \times \frac{x^n}{n!} + \cdots \right).$$

所求二元序列的个数为上式中 $x^n/n!$ 的系数, 即 2^{n-1}.

例 2.23 求 1, 2 和 3 均至少出现一次的 n 码四元序列的个数.

解 至少出现一次的指母函数为

$$\frac{x}{1!} + \frac{x^2}{2!} + \frac{x^3}{3!} + \cdots = e^x - 1.$$

故该四元序列的指母函数为

$$\left(1+\frac{x}{1!}+\frac{x^2}{2!}+\frac{x^3}{3!}+\cdots\right)\left(\frac{x}{1!}+\frac{x^2}{2!}+\frac{x^3}{3!}+\cdots\right)^3$$

$$= \mathrm{e}^x(\mathrm{e}^x-1)^3$$

$$= \mathrm{e}^{4x}-3\mathrm{e}^{3x}+3\mathrm{e}^{2x}-\mathrm{e}^x$$

$$= \sum_{n=0}^{+\infty}(4^n-3\times 3^n+3\times 2^n-1)\frac{x^n}{n!}.$$

所求四元序列的个数为上式中 $x^n/n!$ 的系数, 即 $4^n-3\times 3^n+3\times 2^n-1$.

例 2.24 (装盒问题 9) 用 n 个盒子装 k 个球. 若盒子和球均有区别且每个盒子装球数不限, 有多少种装法?

解 该问题对应于从 n 个盒子中可重取出 k 个的排列: 第 i 个盒子装了第 j 个球对应第 j 位放的是第 i 个盒子. 这样的对应显然是一一对应. 故它的指母函数为

$$\left(1+\frac{x}{1!}+\frac{x^2}{2!}+\frac{x^3}{3!}+\cdots\right)^n = \mathrm{e}^{nx}.$$

其展开式中 $x^k/k!$ 的系数为 n^k, 即可重排列数.

例 2.25 用 n 个盒子装 k 个球 $(n\leqslant k)$.

(1) (装盒问题 5) 若盒子和球均有区别且每个盒子至少装一个球, 有多少种装法?

(2) (装盒问题 7) 若盒子无区别但球有区别且每个盒子至少装一个球, 有多少种装法?

解 (1) 该问题等价于 n 个不同盒子的可重排列且每一个盒子至少出现一次. 因此, 它的指数母函数为

$$\left(\frac{x}{1!}+\frac{x^2}{2!}+\frac{x^3}{3!}+\cdots\right)^n = (\mathrm{e}^x-1)^n.$$

故所求装法数等于 $(e^x - 1)^n$ 展开式中 $x^k/k!$ 的系数. 由于

$$(e^x - 1)^n = \sum_{i=0}^{n} C_n^i (-1)^i e^{(n-i)x}$$

$$= \sum_{i=0}^{n} C_n^i (-1)^i \sum_{k=0}^{+\infty} (n-i)^k \frac{x^k}{k!}$$

$$= \sum_{k=0}^{+\infty} \left(\sum_{i=0}^{n} (-1)^i C_n^i (n-i)^k \right) \frac{x^k}{k!}.$$

故所求装法数为

$$\sum_{i=0}^{n} (-1)^i C_n^i (n-i)^k.$$

(2) 设所求装法数为 x. 将上面 (1) 的装盒问题分为两个步骤, 第一步先将盒子看成无区别的, 装法数就是我们所要求的 x. 第二步再将盒子看成有区别的. 由于每一个盒子均至少装了一个球, 相当于把球分成了 n 堆. 而球又是有区别的, 因而这 n 堆球是不同的. 这说明第二步要做的是把这不同的 n 堆进行全排列, 因而方法数为 $n!$. 故由 (1) 的结果和乘法原理, 得

$$x \times n! = \sum_{i=0}^{n} (-1)^i C_n^i (n-i)^k.$$

因此, 所求装法数

$$x = \frac{1}{n!} \sum_{i=0}^{n} (-1)^i C_n^i (n-i)^k. \tag{18}$$

第二类斯特林数 (Stirling number)　(18) 式中的数称为第二类斯特林数, 记为 $S(k, n)$.

用装盒问题叙述, 第一类斯特林数定义如下.

第一类斯特林数[*]　用 n 个无区别的盒子装 k 个有区别的球 $(n \leqslant k)$, 使得无盒为空且球在盒中排成一个圆周的方法数, 记为 $s(k, n)$.

关于斯特林数的更多性质, 可参看附录.

例 2.26(装盒问题 11)　用 n 个盒子装 k 个球. 若盒子无区别但球有区别且

每个盒子装球数不限 (允许空盒), 有多少种装法? 并求出它的指母函数.

解 注意答案不是 $n^k/n!$. 由例 2.25 的 (2), 直接可得装法数为

$$S(k,1) + S(k,2) + S(k,3) + \cdots + S(k,n), \quad k \geqslant n$$

或

$$S(k,1) + S(k,2) + S(k,3) + \cdots + S(k,k), \quad k \leqslant n. \tag{19}$$

贝尔数[*](Bell number) 当 $n \geqslant k$ 时, 装盒问题 11 的方法数也被称为贝尔数, 它等价于一个 k 元集所有划分的方法数, 记为 B_k (参见附录). 贝尔数 B_k 的指数母函数为

$$\mathrm{e}^{\mathrm{e}^x - 1}.$$

证明 注意当 $i < j$ 时, $S(i,j) = 0$. 故 (19) 式可写为如下形式:

$$S(k,1) + S(k,2) + S(k,3) + \cdots + S(k,k) + S(k,k+1) + \cdots.$$

为方便计算, 令 $S(0,0) = 1$ 且当 $i > 0$ 时 $S(i,0) = 0$.
由例 2.25 知

$$(\mathrm{e}^x - 1)^n = \sum_{k=0}^{+\infty} n! S(k,n) \frac{x^k}{k!},$$

即

$$\frac{(\mathrm{e}^x - 1)^n}{n!} = \sum_{k=0}^{+\infty} S(k,n) \frac{x^k}{k!}.$$

故

$$1 = S(0,0) + S(1,0)\frac{x}{1!} + S(2,0)\frac{x^2}{2!} + \cdots + S(k,0)\frac{x^k}{k!} + \cdots,$$

$$\frac{\mathrm{e}^x - 1}{1!} = S(0,1) + S(1,1)\frac{x}{1!} + S(2,1)\frac{x^2}{2!} + \cdots + S(k,1)\frac{x^k}{k!} + \cdots,$$

$$\frac{(\mathrm{e}^x - 1)^2}{2!} = S(0,2) + S(1,2)\frac{x}{1!} + S(2,2)\frac{x^2}{2!} + \cdots + S(k,2)\frac{x^k}{k!} + \cdots,$$

$$\cdots\cdots$$

$$\frac{(e^x - 1)^k}{k!} = S(0, k) + S(1, k)\frac{x}{1!} + S(2, k)\frac{x^2}{2!} + \cdots + S(k, k)\frac{x^k}{k!} + \cdots,$$

$$\cdots\cdots$$

对上述各等式求和, 得所求指母函数为

$$1 + \frac{e^x - 1}{1!} + \frac{(e^x - 1)^2}{2!} + \cdots + \frac{(e^x - 1)^i}{i!} + \cdots = e^{e^x - 1}. \qquad \square$$

思考题* 如何解读上面的指母函数? 能否通过题意直接写出来?

本 章 小 结

本章学习了母函数的基本思想和方法以及普通和指数两个母函数, 是处理某些组合及排列问题的强有力工具. 通过母函数可借助数学分析的理论解决许多组合计数问题. 但也应该看到, 母函数的本质是枚举法, 多数问题从算法的角度仍然是无法解决的.

习 题 2

2.1 从众多的 a, b, c 中取出 n 个字母使得必须包含偶数个 a 且 b 必须出现. 请写出取法数的普母函数.

2.2 写出下列整数分拆数的普母函数: 它包含一个 2, 奇数个 3, 最多两个 5.

2.3 (习题 1.33) 求由 0, 1, 2 所组成的含有偶数个 0 的 n 码三元序列的个数.

2.4 求含有奇数个 0 的 n 码四元序列的数目. 若要求 0 和 1 的总数为奇数, 则这样的 n 码四元序列的数目又是多少?

2.5 有重为 1 克的砝码三个, 重为 2 克的四个, 重为 4 克的两个. 写出这些砝码所能称出的重量的普母函数. 问: 能称出多少种不同的重量? 各有几种方案?

2.6 运用指母函数证明: 掷 k 个不同的骰子的所有结果有 6^k 个.

2.7 (1) 掷两个不同的骰子, 要求第一个点数为偶数, 第二个点数为奇数. 求两个骰子点数之和的普母函数.

(2) 掷 n 个不同的骰子, 要求有 k 个点数为偶数 (具体哪 k 个不作要求), 其余 $n - k$ 个点数为奇数. 求点数之和的普母函数.

2.8 求下述序列的普母函数:

(1) $0, 2, 6, \cdots, n(n+1), \cdots$;

(2) $0, 1, 8, 27, \cdots, n^3, \cdots$;

(3) $0, 6, 24, \cdots, n(n+1)(n+2), \cdots$.

2.9 求下述序列的指母函数:

(1) $0, 1, 2, \cdots, n, \cdots$;

(2) $0, 2, 6, \cdots, n(n+1), \cdots$.

2.10 证明序列 $C_0^0, C_2^1, C_4^2, \cdots, C_{2n}^n, \cdots$ 的普母函数为 $(1-4x)^{-1/2}$.

2.11 证明序列 $1, 1 \times 3, 1 \times 3 \times 5, \cdots, 1 \times 3 \times 5 \times \cdots \times (2n+1), \cdots$ 的指母函数为 $(1-2x)^{-3/2}$.

2.12 设 $n \geqslant 0$. 运用 2.1 节介绍的万金油法计算和式

$$\sum_{k=0}^{+\infty} C_{n+k}^{2k} 2^{n-k}.$$

2.13 (装盒问题 13) 用 n 个无区别的盒子装 k 个无区别的球, 每个盒子装球数不限且 $n < k$. 请写出它的计数普母函数.

2.14 (装盒问题 8) 用 n 个无区别的盒子装 k 个无区别的球, 使得每一个盒子至少装一个球 ($n \leqslant k$). 请写出它的计数普母函数, 并据此计算当 $n = 8, k = 15$ 时的装法数.

2.15 用四个不同的盒子装 k 个球, 使得第一个盒子装偶数个球 (0 个视为偶数个), 第二个盒子装奇数个球.

(1) 若球无区别, 有多少种装法?

(2) 若球有区别, 有多少种装法?

2.16 设 q 是大于等于 2 的正整数. 用母函数证明: 任一正整数可唯一地表示为 q-进制.

2.17 运用公式 (10) 计算整数分拆数 $p(15)$.

2.18 令 $p^*(n) = p(n) - p(n-1)$ $(n \geqslant 1)$. 证明: $p^*(n)$ 是将 n 分拆成不含 1 的部分的分拆数. 进而证明: $p(n+2) - 2p(n+1) + p(n) \geqslant 0$.

2.19 证明 n 的 k-拆分数 $p_k(n)$ 满足下列递推式:

(1) $p_k(n) = p_{k-1}(n-1) + p_k(n-k)$;

(2) $p_k(n) = \sum_{i=1}^{\lfloor n/k \rfloor} p_{k-1}(n-ik+k-1)$, 其中 $n > k \geqslant 2$.

2.20 如果一个分拆的 Ferrers 图转置后不变, 则称该分拆是**自同构**的. 例如, 7 的自同构分拆有 $4+2+1+1, 3+3+2$ 两个. 证明: 一个正整数的自同构分拆数等于这个数分拆成不同奇数的个数.

2.21 有 $2n$ 个人排成一列购买车票, 车票价格 5 元, 其中有 n 个人有一张 5 元钞票, 另外 n 个人只有 10 元钞票. 售票处事先未准备找零钞票. 若一个排队方法使 $2n$ 个人都能买到车票, 则称它是可行的. 请建立可行排队与迪克路之间的一一对应.

2.22 在一个 $m \times n$ 棋盘的格子中填入数字 $1, 2, \cdots, mn$, 满足同行的数由左至右递增、同列的数由上至下递增, 这种表格称为**标准杨表**. 证明: $2 \times n$ 标准杨表的数目为卡特兰数 C_n.

2.23* 接上题, 请给出 $3 \times n$ 或更一般的 $m \times n$ 标准杨表的数目?

2.24 在格路问题中, 记 L_n 为在 x 轴下方恰好走两步 $(n \geqslant 1)$ 的格路数目. 请不借助钟-费勒定理证明其母函数 $L(x) = 1 + L_1 x + L_2 x^2 + L_3 x^3 + \cdots$ 也满足关系式

$$xL^2(x) - L(x) + 1 = 0.$$

因而 $L_n = C_n$.

2.25 考虑在图 2.7 中长为 n 且上下无界的网格上从点 0 走到点 n, 要求每一步只能沿方向 $\nearrow$, $\searrow$ 或 $\rightarrow$ 走一格且不能走到 x 轴的下方. 请写出这样的走法的计数普母函数及数目.

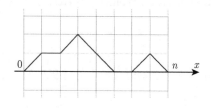

图 2.7

2.26 证明例 2.18 证法 2 中所给的对应是一个一一对应.

2.27 设 e_n 为将正整数 n 分拆成若干个偶数相加的整数分拆数, e_n' 为将正整数 n 分拆成每部均要出现偶数次的整数分拆数. 分别运用母函数及一一对应证明 $e_n = e_n'$.

2.28 设 a_n 为正整数 n 满足每个数字 i 均不出现超过 $i - 1$ 次的所有分拆的数目, b_n 为满足每个数字 i 均不是平方数的所有分拆的数目. 例如, 当 $n = 9$ 时, $a_9 = 5$, 满足要求的分拆为 9, $7 + 2$, $6 + 3$, $5 + 4$, $4 + 3 + 2$; $b_9 = 5$, 满足要求的分拆为 $7 + 2$, $6 + 3$, $5 + 2 + 2$, $3 + 3 + 3$, $3 + 2 + 2 + 2$. 证明: 对任意自然数 n, 有 $a_n = b_n$.

2.29 设 w 是 $1, 2, \cdots, n$ 的一个全排列. 若从左至右存在某三个数字 (不必紧挨) 的大小关系是中、大、小, 则称 w 含**中-大-小模式**. 例如 4271365 中的 4-7-3 和 4-7-1 都是中-大-小模式, 而 4213765 中则不含中-大-小模式. 证明: 所有不含中-大-小模式的排列的数目等于卡特兰数 C_n.

2.30* 设 $q_e(n)$ 和 $q_o(n)$ 分别为将正整数 n 分拆成偶数个和奇数个不同部分之和的分拆数. 例如, 7 的各个部分均不同的所有分拆为 7, $6 + 1$, $5 + 2$, $4 + 3$, $4 + 2 + 1$, 故 $q_e(7) = 3$, $q_o(7) = 2$.

(1) 证明

$$q_e(n) - q_o(n) = \begin{cases} (-1)^k, & n = \dfrac{k(3k \pm 1)}{2}, \\ 0, & \text{其他情况}. \end{cases}$$

(2) 运用上式证明欧拉五角数公式.

2.31* 参考习题 1.35, 建立 n 部车的有序泊车函数与长为 $2n$ 的迪克路之间的一一对应.

2.32* (菲斯-卡特兰数, Fuss-Catalan) 设 k, n 是正整数. 考虑平面网格上从原点 $(0,0)$ 走到 (n, kn) 的格路, 要求每一步只能向上 ↑ 或向右 → 且不穿过直线 $y = kx$, 第一步向上, 这样的格路称为 **k-迪克路**, 数目记为 $C_n(k)$ ($C_n(1)$ 为卡特兰数). 证明:

$$C_n(k) = \frac{1}{kn+1}\binom{(k+1)n}{n}.$$

2.33* (斯坦利定理, Stanley) 证明正整数 n 的所有分拆中, 数字 1 出现的总次数与每个分拆中不同部分的个数之和相同. 例如: 整数 5 的所有分拆为

5, 4 + 1, 3 + 2, 3 + 1 + 1, 2 + 2 + 1, 2 + 1 + 1 + 1, 1 + 1 + 1 + 1 + 1.

从中可看出 1 出现的总次数为 $0 + 1 + 0 + 2 + 1 + 3 + 5 = 12$; 在每个和式中不同部分的个数之和为 $1 + 2 + 2 + 2 + 2 + 2 + 1 = 12$.

提示 运用 Ferrers 图的转置寻找一个一一对应.

小课题 泊车函数 (parking function).

请对泊车函数问题 (见例 1.4) 写一个小综述.

第3章
容斥原理

3.1 容斥原理

例 3.1 一个 50 人的班级进行了数学和语文考试, 其中数学及格了 35 人, 语文及格了 40 人, 数学和语文都及格的人数是 30 人. 问两门都不及格的人数是多少?

解 用总人数减去数学及格的和语文及格的人数, 但两门都及格的人被多减了一次, 应该加回来一次. 故答案为

$$50 - 35 - 40 + 30 = 5.$$

在上例计算过程中, 我们首先是把总人数 50 算进来, 这一步可直观地理解为 "包容进来". 由于 50 人中有数学及格和语文及格的人, 故 50 并不是正确答案. 因此, 在第二步我们对它纠偏: 从 50 人中剔除数学及格和语文及格的人数, 这一步可直观地理解为 "排斥出去", 但数学和语文都及格的人被多排斥出去了一次. 故我们在第三步继续纠偏: 把数学和语文都及格的人再容进来一次, 最终获得了正确答案. 所以, 容斥原理就是一个不断地 "容" 和 " 斥" 最终获得正确答案的过程.

若有数学、语文和英语三门课, 则计算三门都不及格的人数的容斥过程就相对更复杂一些. 对此, 可用下面的 "集合" 示意图来表示, 其中大圈表示 S, 三个小圈分别表示三门课及格的同学. 由此, 阴影部分即为三门都不及格的人, 它的 "面积" (元素个数) 即为我们所求的人数.

由图 3.1 不难看出, 要计算三门都不及格的人数我们需要知道如下信息: 数学及格的人数, 语文及格的人数, 英语及格的人数, 数学和语文都及格的人数, 数学和英语都及格的人数, 语文和英语都及格的人数, 数学、语文和英语都及格的人数. 例如, 若数学、语文、英语及格的人数分别为 35, 40, 30, 数学和语文都及格的人数为 30, 数学和英语都及格的人数为 24, 语文和英语都及格的人数为 28, 数学、

语文和英语都及格的人数 22, 则三门都不及格的人数为

$$50 - 35 - 40 - 30 + 30 + 24 + 28 - 22 = 5. \tag{20}$$

图 3.1

设全班同学的集合为 S; 数学, 语文和英语及格的同学所成的集合分别为 A_1, A_2 和 A_3. 则三门课都不及格的同学所成的集合为

$$S \setminus (A_1 \cup A_2 \cup A_3) = \overline{A}_1 \cap \overline{A}_2 \cap \overline{A}_3.$$

因此, 用集合的语言, (20) 式可表示为

$$|\overline{A}_1 \cap \overline{A}_2 \cap \overline{A}_3| = |S| - (|A_1| + A_2| + |A_3|)$$
$$+ (|A_1 \cap A_2| + |A_1 \cap A_3| + |A_2 \cap A_3|) - |A_1 \cap A_2 \cap A_3|.$$

对于一般情形, 我们有如下结论.

容斥原理 I 设 S 是一个有限集合, $P_1, P_2, \cdots, P_m$ 是与 S 相关的 m 个性质. 设 A_i 是 S 中具有性质 P_i 的元素所构成的集合, $\overline{A}_i$ (即 A_i 的补集) 是 S 中**不具有**性质 P_i 的元素所构成的集合. 则 S 中不具有 $P_1, P_2, \cdots, P_m$ 中任何性质的元素个数为

$$|\overline{A}_1 \cap \overline{A}_2 \cap \cdots \cap \overline{A}_m|$$

$$= |S| - \sum_{i=1}^{m} |A_i| + \sum_{i<j,\ i,j \in M} |A_i \cap A_j|$$

$$- \sum_{i<j<k,\ i,j,k \in M} |A_i \cap A_j \cap A_k| + \cdots + (-1)^m |A_1 \cap A_2 \cap \cdots \cap A_m|, \tag{21}$$

其中 $M = \{1, 2, \cdots, m\}$.

证明 用组合计数常用的 "贡献" 的思想来证明, 即: 若 S 中每一个元素对 (21) 式两端贡献的次数相等, 则该等式成立. 对此, 将 S 中的元素 s 分为以下两类.

第一类: s 不具有 $P_1, P_2, \cdots, P_m$ 中的任何一个性质. 此时, $s \in \overline{A}_1 \cap \overline{A}_2 \cap \cdots \cap \overline{A}_m$, 故 s 对 (21) 式左端的贡献为 1. 而在右端, 由于 $s \in S$, 故 s 对 $|S|$ 的贡献为 1; 而对任意 A_i, 均有 $s \notin A_i$, 故 s 对后面的项的贡献均为 0. 故 s 对 (21) 式左、右两端的贡献均为 1.

第二类: s 具有 $P_1, P_2, \cdots, P_m$ 中恰好 i $(1 \leqslant i \leqslant m)$ 个性质, 不妨设为 $P_1, P_2, \cdots, P_i$. 此时 s 对 (21) 式左端的贡献为 0. 而在右端, s 对 $|S|$ 的贡献为 1. 进一步地, 若 $\{i_1, i_2, \cdots, i_t\} \subseteq \{1, 2, \cdots, i\}$, 则 s 对 $|A_{i_1} \cap A_{i_2} \cap \cdots \cap A_{i_t}|$ 的贡献为 1, 否则为 0. 由于 $\{1, 2, \cdots, i\}$ 的 t $(t \leqslant i)$ 元子集的数目等于 C_i^t, s 对 (21) 式右端的贡献合计等于

$$1 - \mathrm{C}_i^1 + \mathrm{C}_i^2 - \mathrm{C}_i^3 + \cdots + (-1)^i \mathrm{C}_i^i + \underbrace{0 + \cdots + 0}_{m-i} = (1-1)^i = 0.$$

故 s 对 (21) 式左、右两端的贡献均为 0. □

下面是容斥原理的一个等价形式.

容斥原理 II 设 S 是一个有限集合, $P_1, P_2, \cdots, P_m$ 是与 S 相关的 m 个性质. 设 A_i 是 S 中具有性质 P_i 的元素所构成的集合. 则 S 中具有 $P_1, P_2, \cdots, P_m$ 中至少一个性质的元素个数为

$$|A_1 \cup A_2 \cup \cdots \cup A_m|$$

$$= \sum_{i=1}^m |A_i| - \sum_{i<j,\ i,j \in M} |A_i \cap A_j|$$

$$+ \sum_{i<j<k,\ i,j,k \in M} |A_i \cap A_j \cap A_k| - \cdots + (-1)^{m-1} |A_1 \cap A_2 \cap \cdots \cap A_m|,$$

其中 $M = \{1, 2, \cdots, m\}$.

证明 因为

$$|A_1 \cup A_2 \cup \cdots \cup A_m| = |S| - |\overline{A_1 \cup A_2 \cup \cdots \cup A_m}|.$$

又 (德摩根律)

$$\overline{A_1 \cup A_2 \cup \cdots \cup A_m} = \overline{A}_1 \cap \overline{A}_2 \cap \cdots \cap \overline{A}_m. \qquad \square$$

关键点 容斥原理的关键是**如何设性质**, 使得所求的数目为

$$|\overline{A}_1 \cap \overline{A}_2 \cap \cdots \cap \overline{A}_m|$$

或

$$|A_1 \cup A_2 \cup \cdots \cup A_m|.$$

这样就可以运用容斥原理的两个基本形式直接计算.

例 3.2 在不超过 20 的正整数中, 是 2 或 3 的倍数的有多少个?

解 对 $i \in \{2, 3\}$ 和不超过 20 的正整数 a, 称 a 具有性质 P_i 是指 a 是 i 的倍数. 定义 A_i 为所有具有性质 P_i 的 a 所成的集合. 则所求为 $|A_2 \cup A_3|$. 故由容斥原理 II,

$$|A_2 \cup A_3| = |A_2| + |A_3| - |A_2 \cap A_3| = \left\lfloor \frac{20}{2} \right\rfloor + \left\lfloor \frac{20}{3} \right\rfloor - \left\lfloor \frac{20}{[2,3]} \right\rfloor = 13,$$

其中 $\lfloor a \rfloor$ 表示 a 的下整数, $[2, 3]$ 表示 2 和 3 的最小公倍数.

例 3.3 1 与 1000 之间不能被 $5, 6, 8$ 整除的整数有多少个?

解 对 $i \in \{5, 6, 8\}$ 和不超过 1000 的正整数 a, 称 a 具有性质 P_i 是指 a 能被 i 整除. 定义 A_i 为所有具有性质 P_i 的 a 构成的集合. 则所求为 $|\overline{A}_5 \cap \overline{A}_6 \cap \overline{A}_8|$. 由容斥原理 I,

$$|\overline{A}_5 \cap \overline{A}_6 \cap \overline{A}_8|$$

$$= 1000 - \left\lfloor \frac{1000}{5} \right\rfloor - \left\lfloor \frac{1000}{6} \right\rfloor - \left\lfloor \frac{1000}{8} \right\rfloor$$

$$+ \left\lfloor \frac{1000}{[5,6]} \right\rfloor + \left\lfloor \frac{1000}{[5,8]} \right\rfloor + \left\lfloor \frac{1000}{[6,8]} \right\rfloor - \left\lfloor \frac{1000}{[5,6,8]} \right\rfloor = 600.$$

例 3.4 求由 $1,2,3,4$ 组成的 n 码四元序列中, 每一个数字均至少出现一次的序列数目.

解 设 A_1, A_2, A_3, A_4 分别为**不出现** $1,2,3,4$ 的 n 码四元序列的集合. 则所求为 $|\overline{A_1} \cap \overline{A_2} \cap \overline{A_3} \cap \overline{A_4}|$. 可运用容斥原理 I 直接计算 (详略).

讨论 若设 A_1, A_2, A_3, A_4 分别为**出现** $1,2,3,4$ 的 n 码四元序列的集合, 则所求为 $|A_1 \cap A_2 \cap A_3 \cap A_4|$. 无论用容斥原理 I 还是容斥原理 II, 都难以计算.

例 3.5 (装盒问题 14, 习题 1.38) 用 n 个盒子装 k 个球. 若盒子和球均有区别, 每个盒子至少装一个球 $(k \geqslant n)$, 球在盒中有序, 有多少种装法?

解 设 S 为用 n 个有区别的盒子装 k 个有区别的球且球在盒中有序的所有装法 (不要求盒子非空) 的集合. 注意 S 恰好是装盒问题 16, 故由例 1.2,

$$|S| = n(n+1)(n+2) \cdots (n+k-1) = \mathrm{A}_{n+k-1}^k.$$

对 $i \in \{1, 2, \cdots, n\}$, 设性质 P_i: 第 i 个盒子**不装球**. 则满足题意的装法数为 S 中不满足任何性质的装法数, 即 $|\overline{A_1} \cap \overline{A_2} \cap \cdots \cap \overline{A_n}|$. 对于 $\{i_1, i_2, \cdots, i_t\} \subseteq \{1, 2, \cdots, n\}$, 满足性质 $P_{i_1}, P_{i_2}, \cdots, P_{i_t}$ 的装法等价于 $n-t$ 个盒子的装盒问题 16, 因此装法数为 $\mathrm{A}_{n-t+k-1}^k$. 故由容斥原理 I, 满足题意的装法数等于

$$\mathrm{A}_{n+k-1}^k - \mathrm{C}_n^1 \mathrm{A}_{n-1+k-1}^k + \mathrm{C}_n^2 \mathrm{A}_{n-2+k-1}^k - \cdots + (-1)^{n-1} \mathrm{C}_n^{n-1} \mathrm{A}_k^k.$$

容斥原理 I 和容斥原理 II 分别给出了都不满足和至少满足一个性质的元素个数的计数公式, 下述定理给出更一般的结果.

容斥原理的推广形式 设 S 是一个有限集合, $P_1, P_2, \cdots, P_m$ 是与 S 相关的 m 个性质. 设 A_i 是 S 中具有性质 P_i 的元素所构成的集合. 则 S 中恰好具有 $P_1, P_2, \cdots, P_m$ 中 r 个性质的元素个数为

$$e_r = \mathrm{C}_r^0 s_r - \mathrm{C}_{r+1}^1 s_{r+1} + \mathrm{C}_{r+2}^2 s_{r+2} - \cdots + (-1)^{m-r} \mathrm{C}_m^{m-r} s_m, \tag{22}$$

其中,

$$s_0 = |S|,$$

$$s_1 = |A_1| + |A_2| + \cdots + |A_m| = \sum_{i=1}^{m} |A_i|,$$

$$s_2 = |A_1 \cap A_2| + |A_1 \cap A_3| + \cdots + |A_{m-1} \cap A_m| = \sum_{i<j,\ i,j \in M} |A_i \cap A_j|,$$

$$s_3 = |A_1 \cap A_2 \cap A_3| + |A_1 \cap A_2 \cap A_4| + \cdots + |A_{m-2} \cap A_{m-1} \cap A_m|$$

$$= \sum_{i<j<k,\ i,j,k \in M} |A_i \cap A_j \cap A_k|,$$

$$\cdots\cdots$$

$$s_m = |A_1 \cap A_2 \cap A_3 \cdots \cap A_m|,$$

$$M = \{1, 2, \cdots, m\}.$$

证明 任取 $s \in S$. 设 s 恰好满足 k 个性质.

情形 1 $k < r$.

此时, 依 e_r 的定义, s 对 (22) 式左端的贡献为 0. 另一方面, 依 s_i 的定义, 当 $i > k$ 时, s 对 s_i 的贡献为 0, 因而对 (22) 式右端的贡献也为 0.

情形 2 $k = r$.

此时, 依 e_r 的定义, s 对 (22) 式左端的贡献为 1. 另一方面, 依 s_i 的定义, 当 $i > k$ 时, s 对 s_i 的贡献为 0; 当 $i = k$ 时 s 对 s_i 的贡献为 1. 因此, s 对 (22) 式右端的贡献也为 1.

情形 3 $r < k \leqslant m$.

此时, 依 e_r 的定义, s 对 (22) 式左端的贡献为 0. 另一方面, 当 $i > k$ 时, s 对 s_i 的贡献为 0; 当 $i \leqslant k$ 时 s 对 s_i 的贡献为 C_k^i. 故 s 对 (22) 式右端的贡献为

$$C_k^r - C_{r+1}^1 C_k^{r+1} + C_{r+2}^2 C_k^{r+2} - \cdots + (-1)^{k-r} C_k^{k-r} C_k^k.$$

注意

$$C_{r+i}^i C_k^{r+i} = \frac{(r+i)!}{r!i!} \frac{k!}{(r+i)!(k-r-i)!} = C_k^r C_{k-r}^i.$$

而

$$C_k^r(C_{k-r}^0 - C_{k-r}^1 + C_{k-r}^2 - \cdots + (-1)^{k-r}C_{k-r}^{k-r}) = 0.$$

即 s 对 (22) 式右端的贡献也为 0. □

注 当 $r=0$ 时, (22) 式等于 (21) 式, 因此 (22) 式是 (21) 式的一个推广形式.

例 3.6 求偶数个 0 的 n 码三元序列的个数.

解 设性质 P_i: 序列的第 i 个数码为 0 $(i=1,2,\cdots,n)$. 故所求为

$$e_0 + e_2 + e_4 + \cdots.$$

易得 $s_i = C_n^i 3^{n-i}$. 故由 (22) 式,

$$e_0 + e_2 + e_4 + \cdots$$

$$= C_0^0 s_0 - C_1^1 s_1 + C_2^2 s_2 - C_3^3 s_3 + \cdots + (-1)^n C_n^n s_n$$

$$+ \; C_2^0 s_2 - C_3^1 s_3 + C_4^2 s_4 - C_5^3 s_5 + \cdots + (-1)^{n-2} C_n^{n-2} s_n$$

$$+ \; C_4^0 s_4 - C_5^1 s_5 + C_6^2 s_6 - C_7^3 s_7 + \cdots + (-1)^{n-4} C_n^{n-4} s_n$$

$$+ \cdots$$

$$= C_0^0 s_0 - C_1^1 s_1 + (C_2^0 + C_2^2)s_2 - (C_3^1 + C_3^3)s_3 + (C_4^0 + C_4^2 + C_4^4)s_4$$

$$+ \cdots$$

$$+ (C_{2i}^0 + C_{2i}^2 + C_{2i}^4 + \cdots + C_{2i}^{2i})s_{2i}$$

$$- (C_{2i+1}^1 + C_{2i+1}^3 + C_{2i+1}^5 + \cdots + C_{2i+1}^{2i+1})s_{2i+1}$$

$$+ \cdots$$

$$+ \begin{cases} \left(C_n^0 + C_n^2 + C_n^4 + \cdots + C_n^n\right)s_n & (\text{如果 } n \text{ 为偶数}) \\ -1\left(C_n^1 + C_n^3 + C_n^5 + \cdots + C_n^n\right)s_n & (\text{如果 } n \text{ 为奇数}) \end{cases}$$

$$= \frac{1}{2}\left(3^n + \sum_{i=0}^n (-2)^i C_n^i 3^{n-i}\right) \quad (\text{其中 } 3^n \text{ 是由 } C_0^0 s_0 \text{ 产生})$$

$$= \frac{1}{2}(3^n + (3-2)^n)$$

$$= \frac{1}{2}(3^n + 1).$$

思考题 本题解法较为复杂, 你认为最简单的方法是什么?

3.2 容斥原理的应用

有限可重组合

不可重组合和可重组合可用集合的形式描述: 不可重组合是从 n 元集合 $\{x_1,$ $x_2, \cdots, x_n\}$ 中选取 r 个元的方法数, 即 C_n^r; 不限重复的可重组合是从集合 $\{\infty \cdot x_1, \infty \cdot x_2, \cdots, \infty \cdot x_n\}$ 中选取 r 个的方法数, 即 C_{n+r-1}^r. 现考虑一般情形, 即从集合 $\{k_1 \cdot x_1, k_2 \cdot x_2, \cdots, k_n \cdot x_n\}$ 中选取 r 个的方法数, 其中 k_i 表示 x_i 可重复选出的次数, 或等价地, x_i 有 k_i 个拷贝.

例 3.7 求从集合 $A = \{3 \cdot a, 4 \cdot b, 5 \cdot c\}$ 取出 10 个元的方法数.

解 设 S 为从集合 $\{\infty \cdot a, \infty \cdot b, \infty \cdot c\}$ 取出 10 个元的所有取法的集合, 则 $|S| = \mathrm{C}_{3+10-1}^{10} = 66$. 设性质 P_a 为 S 中 a 的个数大于 3 的取法. 类似地, 设性质 P_b 和 P_c 分别为 S 中 b 的个数大于 4 和 c 的个数大于 5 的取法. 由此, 所求方法数为 $|\overline{A}_a \cap \overline{A}_b \cap \overline{A}_c|$.

现计算 $|A_a|$. 由于 A_a 的每一个取法中 a 的数目至少为 4. 把每一个这样的取法去除 4 个 a. 由此得到从 $\{\infty \cdot a, \infty \cdot b, \infty \cdot c\}$ 取出 6 个的一个取法. 反之, 从 $\{\infty \cdot a, \infty \cdot b, \infty \cdot c\}$ 取出 6 个的一个取法添加 4 个 a 则得 A_a 的一个取法. 因此, A_a 中的取法与从 $\{\infty \cdot a, \infty \cdot b, \infty \cdot c\}$ 中取出 6 个的取法是一一对应的, 故 $|A_a| = \mathrm{C}_{3+6-1}^6 = 28$. 类似地, $|A_b| = \mathrm{C}_{3+5-1}^5 = 21$, $|A_c| = \mathrm{C}_{3+4-1}^4 = 15$, $|A_a \cap A_b| = \mathrm{C}_{3+1-1}^1 = 3, |A_a \cap A_c| = 1, |A_b \cap A_c| = 0, |A_a \cap A_b \cap A_c| = 0$. 故由容斥原理,

$$|\overline{A}_a \cap \overline{A}_b \cap \overline{A}_c| = |S| - (|A_a| + |A_b| + |A_c|)$$

$$+ (|A_a \cap A_b| + |A_a \cap A_c| + |A_b \cap A_c|)$$

$$- |A_a \cap A_b \cap A_c|$$

$$= 66 - (28 + 21 + 15) + (3 + 1 + 0) - 0$$

$$= 6.$$

思考题 例 3.7 是否有更简单的解法.

欧拉函数 (Euler's totient function) 对正整数 n, 欧拉函数 $\varphi(n)$ 定义为小于 n 且和 n 互素的正整数个数. 例如, $\varphi(15) = 8$, 与 15 互素的八个数是 $1, 2, 4, 7, 8, 11, 13, 14$. 欧拉函数又称为 φ 函数或欧拉总计函数.

设 $p_1, p_2, \cdots, p_r$ 为正整数 n 的所有不同的素因子, 则

$$\varphi(n) = n \left(1 - \frac{1}{p_1}\right) \left(1 - \frac{1}{p_2}\right) \cdots \left(1 - \frac{1}{p_r}\right).$$

证明 设 $S = \{1, 2, \cdots, n\}$. 定义 A_i 为 S 中能被 p_i 整除的正整数集合. 故所求 $\varphi(n) = |\overline{A}_1 \cap \overline{A}_2 \cap \cdots \cap \overline{A}_r|$. 显然, $|A_i| = n/p_i$. 进一步地, 对任意 t 个不同的素因子 $p_{i_1}, \cdots, p_{i_t}$, 它们的最小公倍数等于 $p_{i_1} \cdots p_{i_t}$, 故 $|A_{i_1} \cap \cdots \cap A_{i_t}| = n/(p_{i_1} \cdots p_{i_t})$. 因此, 由容斥原理,

$$\varphi(n) = |\overline{A}_1 \cap \overline{A}_2 \cap \cdots \cap \overline{A}_k|$$

$$= n - \sum_{1 \leqslant i \leqslant r} \frac{n}{p_i} + \sum_{1 \leqslant i < j \leqslant r} \frac{n}{p_i p_j} - \sum_{1 \leqslant i < j < k \leqslant r} \frac{n}{p_i p_j p_k} + \cdots + (-1)^r \frac{n}{p_1 \cdots p_r}$$

$$= n \left(1 - \sum_{1 \leqslant i \leqslant r} \frac{1}{p_i} + \sum_{1 \leqslant i < j \leqslant r} \frac{1}{p_i p_j} - \sum_{1 \leqslant i < j < k \leqslant r} \frac{1}{p_i p_j p_k} + \cdots + (-1)^r \frac{1}{p_1 \cdots p_r}\right)$$

$$= n \left(1 - \frac{1}{p_1}\right) \left(1 - \frac{1}{p_2}\right) \cdots \left(1 - \frac{1}{p_r}\right). \qquad \square$$

错位排列 (derangement) 对于 $1, 2, \cdots, n$ 的一个全排列 $a_1 a_2 \cdots a_n$, 若 $a_i = i$, 则称 i 在其**自然位置**上. 如果 $a_1 a_2 \cdots a_n$ 中的每一个元都不在其自然位置上, 则称它是一个错位排列, 或简称错排. 当 $n = 3$ 时, 六个全排列中共有两个错排: 231, 312. 错排问题最早源自伯努利和欧拉的**错装信封问题**: 将 n 封信装到 n 个不同的信封里, 有多少种全部信封都装错的情况?

用 D_n 表示 $\{1,2,\cdots,n\}$ 的所有错排的个数. 则

$$D_n = n!\left(1 - \frac{1}{1!} + \frac{1}{2!} - \frac{1}{3!} + \cdots + (-1)^n \frac{1}{n!}\right) \approx n!e^{-1}.$$

证明 设 S 为 $1,2,\cdots,n$ 的所有全排列的集合. 定义 A_i 为所有将 i 排在第 i 个位置上的全排列. 显然, A_i 中的全排列可以一一对应于 1 至 n 中除 i 以外的 $n-1$ 个元素的全排列, 故 $|A_i| = (n-1)!$. 一般地, 对于 $\{i_1, i_2, \cdots, i_k\} \subseteq \{1,2,\cdots,n\}$, $A_{i_1} \cap A_{i_2} \cap \cdots \cap A_{i_k}$ 为将 $i_1, i_2, \cdots, i_k$ 分别排在第 $i_1, i_2, \cdots, i_k$ 个位置上的所有全排列的集合, 故 $|A_{i_1} \cap A_{i_2} \cap \cdots \cap A_{i_k}| = (n-k)!$. 由容斥原理, 错排数 D_n 等于

$$|\overline{A}_1 \cap \overline{A}_2 \cap \cdots \cap \overline{A}_n| = n! - C_n^1(n-1)! + C_n^2(n-2)!$$

$$- \cdots + (-1)^n C_n^n 0!$$

$$= n!\left(1 - \frac{1}{1!} + \frac{1}{2!} - \frac{1}{3!} + \cdots + (-1)^n \frac{1}{n!}\right)$$

$$\approx n!e^{-1}. \qquad \square$$

这一结果揭示了一个有趣的概率现象: 无论 n 是一百还是一万, 只要不是太小, n 个信封都装错的概率均约等于 e^{-1}.

例 3.8 有 n 册书分给 n 个儿童, 把这些书收回再分给这 n 个儿童. 问: 有多少种方式分配这些书, 使得没有一个儿童两次得到同一册书?

解 第一次分书的方法数为 $n!$, 第二次分书是 n 个物的错排问题. 故由乘法原理, 共有 $n!D_n \approx (n!)^2 e^{-1}$ 种方式.

思考题 将上述过程重复 i 次 ($i \geqslant 2$, 上例中 $i = 2$), 有多少种分配方法使得没有一个儿童两次得到同一册书?

相邻禁位排列 某班有 n 位同学排成一队出去散步, 第二天再列队时, 每个同学都不希望他前面的同学与前一天的相同. 问: 第二天有多少种排法?

不妨设第一天排队的顺序是 $12\cdots n$, 则第二天不能出现 $12, 23, \cdots, (n-1)n$

这些模式, 记 Q_n 为所有这样的全排列的个数, 规定 $Q_1 = 1$. 则

$$Q_n = n! - \mathrm{C}_{n-1}^1(n-1)! + \mathrm{C}_{n-1}^2(n-2)! - \cdots + (-1)^{n-1}\mathrm{C}_{n-1}^{n-1}1!.$$

证明 设 S 是 $1, 2, \cdots, n$ 的所有全排列的集合, 则 $|S| = n!$. 任取 $i \in \{1, 2, \cdots, n-1\}$, 用 A_i 表示出现模式 $i(i+1)$ 的所有全排列. 将 $i, i+1$ "捆绑" 成一个物, 因而 A_i 中的每个全排列可视作 $n-1$ 个物的全排列, 故 $|A_i| = (n-1)!$. 现考虑集合 $A_i \cap A_j$ 中排列的数目: 若 $j = i+1$, 则可将 $i, i+1, i+2$ "捆绑" 成一个物, 从而 $A_i \cap A_j$ 中的每个全排列一一对应于 $n-2$ 个物的全排列; 若 $j > i+1$, 则 $i, i+1$ 和 $j, j+1$ 各自 "捆绑" 成一个物, 同样可以将 $A_i \cap A_j$ 中的每个全排列一一对应于 $n-2$ 个物的全排列, 故 $|A_i \cap A_j| = (n-2)!$. 一般地, 对于 $\{i_1, i_2, \cdots, i_k\} \subseteq \{1, 2, \cdots, n\}$, 类似的分析可得 $|A_{i_1} \cap A_{i_2} \cap \cdots \cap A_{i_k}| = (n-k)!$. 故由容斥原理,

$$Q_n = |\overline{A}_1 \cap \overline{A}_2 \cap \cdots \cap \overline{A}_n|$$

$$= n! - \mathrm{C}_{n-1}^1(n-1)! + \mathrm{C}_{n-1}^2(n-2)! - \cdots + (-1)^{n-1}\mathrm{C}_{n-1}^{n-1}1!.$$

例 3.9 求集合 $\{4 \cdot x, 3 \cdot y, 2 \cdot z\}$ 中元素不能出现 $xxxx, yyy, zz$ 这些模式的全排列的方法数.

解 设 P_x, P_y, P_z 分别表示全排列中出现模式 $xxxx, yyy, zz$ 的性质. 则由容斥原理和类排列, 所求全排列的方法数为

$$|\overline{A}_x \cap \overline{A}_y \cap \overline{A}_z| = \frac{9!}{4!3!2!} - \frac{6!}{1!3!2!} - \frac{7!}{4!1!2!} - \frac{8!}{4!3!1!} + \frac{4!}{1!1!2!} + \frac{5!}{1!3!1!} + \frac{6!}{4!1!1!} - 3!.$$

卢卡斯夫妻入座问题 (menage problem of Lucas) 该问题是由卢卡斯在 1891 年所提出的按不同要求安排参加聚会的 n 对夫妻入座的问题. 以下依不同要求, 用以下两个例子及习题 3.17 介绍这个问题.

例 3.10 有 n 对夫妻坐成一排, 要求每对夫妻均不相邻. 求有多少种坐法?

解 设 S 为 n 对夫妻坐成一排的所有坐法. 设 A_i 为 S 中第 i 对夫妻相邻的坐法. 对任意 k 对夫妻 $i_1, i_2, \cdots, i_k$, $A_{i_1} \cap A_{i_2} \cap \cdots \cap A_{i_k}$ 中的坐法显然可先将这 k 对夫妻各自合在一起视作一个人, 再与其他 $2n - 2k$ 个人一起做全排列. 由

于事先选好的那 k 对夫妻可两两换座位, 故 $|A_{i_1} \cap A_{i_2} \cap \cdots \cap A_{i_k}| = 2^k(2n-k)!.$
由容斥原理, 答案为

$$|\overline{A}_1 \cap \overline{A}_2 \cap \cdots \cap \overline{A}_k|$$

$$= (2n)! - \mathrm{C}_n^1 \cdot 2(2n-1)! + \mathrm{C}_n^2 \cdot 2^2(2n-2)! - \cdots + (-1)^n \mathrm{C}_n^n \cdot 2^n(2n-2n)!$$

$$= \sum_{k=0}^n (-2)^k \mathrm{C}_n^k (2n-k)!.$$

例 3.11* 有 n 对夫妻坐一圆桌, 要求男女相间且每对夫妇不相邻. 求有多少种坐法?

解 先考虑座位有编号的情况. 设座位的编号为 $1, 2, \cdots, 2n$.

设 S 为 n 对夫妻坐一圆桌, 并且男女相间而坐的所有方法. 显然, 第一对夫妻的妻子有 $2n$ 个位置可选, 选定后男女位置编号的奇偶性也同时确定了. 剩下的 $n-1$ 个妻子入座方法数为 $(n-1)!$, 男士的入座方法数则为 $n!$. 故由乘法原理, 共有 $|S| = 2(n!)^2$ 种坐法.

定义 A_i 为 S 中第 i 对夫妻相邻的所有坐法. 现在计算选定 k 对夫妻 $i_1, i_2, \cdots, i_k$ 时, $A_{i_1} \cap A_{i_2} \cap \cdots \cap A_{i_k}$ 中的坐法数. 注意, 当 $k = n$ 时, 所有夫妻均相邻, 而女士可选奇数或偶数编号的座位, 且可选择在丈夫的左侧或右侧, 故 $|A_1 \cap A_2 \cap \cdots \cap A_n| = 4 \cdot n!$. 因此, 以下我们只需考虑 $1 \leqslant k \leqslant n-1$.

步骤 1: 令 j 为不在集合 $\{i_1, i_2, \cdots, i_k\}$ 中的最小正整数. 先将第 j 对夫妻的妻子安排入座, 共有 $2n$ 种方法. 注意此时男女座位编号的奇偶性也已确定.

步骤 2: 依次安排第 $i_1, i_2, \cdots, i_k$ 对夫妻入座. 因为男女座位编号的奇偶性已经确定, 且这 k 对夫妻需相邻, 所以可把他们各自合在一起视作一个人, 他们所坐的座位也合成一个. 这等价于从 $2n-1-k$ 个座位中挑选 k 个, 再把这 k 对夫妻分配到这些座位上. 所以方法数为 $\mathrm{C}_{2n-k-1}^k \cdot k!$.

步骤 3: 依次安排余下的 $n-k-1$ 个女士入座, 再安排余下的 $n-k$ 个男士入座, 方法数为 $(n-k-1)! \cdot (n-k)!$.

故由乘法原理,

$$|A_{i_1} \cap A_{i_2} \cap \cdots \cap A_{i_k}| = 2n \times \mathrm{C}_{2n-k-1}^k \cdot k! \times (n-k-1)! \cdot (n-k)!$$

$$= 4n\mathrm{C}_{2n-k}^k \frac{(n-k)!(n-k)!k!}{2n-k}.$$

易验证当 $k=0$ 和 $k=n$ 时, 上式分别等于 $2(n!)^2$ 和 $4\cdot n!$, 说明在 $k=0$ 和 n 时也是成立的. 故由容斥原理 I,

$$|\overline{A}_1 \cap \overline{A}_2 \cap \cdots \cap \overline{A}_n|$$

$$= \sum_{k=0}^n (-1)^k \mathrm{C}_n^k \times \left(4n\mathrm{C}_{2n-k}^k \frac{(n-k)!(n-k)!k!}{2n-k} \right)$$

$$= 4n \times n! \sum_{k=0}^n (-1)^k \mathrm{C}_{2n-k}^k \frac{(n-k)!}{2n-k}.$$

最后, 原题设的座位是没有编号的, 需再除以重复数 $2n$, 故答案为

$$2 \times n! \sum_{k=0}^n (-1)^k \mathrm{C}_{2n-k}^k \cdot \frac{(n-k)!}{2n-k}.$$

3.3* 默比乌斯反演

设 $n = p_1^{e_1} p_2^{e_2} \cdots p_r^{e_r}$ 是正整数 n 的素因子分解 (p_i 均为素数). 定义

$$\mu(n) = \begin{cases} 1, & n=1, \\ 0, & \text{某一个 } e_i > 1, \\ (-1)^r, & e_1 = e_2 = \cdots = e_r = 1. \end{cases}$$

引理 3.1

$$\sum_{d|n} \mu(d) = \begin{cases} 1, & n=1, \\ 0, & n>1, \end{cases}$$

其中和式取遍 n 的所有因子 (包括 1 和 n).

证明 $n=1$ 时显然成立. 下设 $n>1$. 令 $n^* = p_1 p_2 \cdots p_r$. 如果 d 是 n 的因子但不是 n^* 的因子则 d 含重因子, 故 $\mu(d) = 0$. 由此,

$$\sum_{d|n} \mu(d) = \sum_{d|n^*} \mu(d).$$

而

$$\sum_{d|n^*} \mu(d) = 1 - C_r^1 + C_r^2 - \cdots + (-1)^r C_r^r = (1-1)^r = 0. \qquad \square$$

默比乌斯反演公式 I 设 $f(n)$ 和 $g(n)$ 是定义在正整数 n 上的实值函数. 若

$$f(n) = \sum_{d|n} g(d), \qquad (23)$$

则有

$$g(n) = \sum_{d|n} \mu(d) f\left(\frac{n}{d}\right). \qquad (24)$$

反之亦然.

证明 由 (23) 式, 对任意的 n/d, 我们有

$$f\left(\frac{n}{d}\right) = \sum_{d'|n/d} g(d').$$

由此,

$$\sum_{d|n} \mu(d) f\left(\frac{n}{d}\right) = \sum_{d|n} \mu(d) \sum_{d'|n/d} g(d') = \sum_{d|n,\ d'|n/d} \mu(d) g(d').$$

注意 $dd'|n$. 先令 d' 固定, 对所有能整除 n/d' 的 d 求和; 再对所有能整除 n 的 d' 求和. 得

$$\sum_{d|n,\ d'|n/d} \mu(d) g(d') = \sum_{d'|n} g(d') \sum_{d|n/d'} \mu(d) = g(n),$$

其中最后一个等号是因为 $\sum_{d|n/d'} \mu(d) = 0$ 除非 $d' = n$.

反之, 若 (24) 式成立, 则 (23) 式成立 (留作习题). $\qquad \square$

一个长为 n 的 r **元可重圆排列**是指从一个 r 元集合中可重取出 n 个排成一个圆周. 一个圆排列 $a_1, a_2, \cdots, a_n$ 的**周期** d 是指该圆排列中最小循环的长度, 即

$$d = \min\{j : a_i = a_{(i+j)\bmod n}, i \in \{1, 2, \cdots, n\}\}.$$

由定义可知圆排列的周期 d 一定整除它的长度 n.

例 3.12 (可重圆排列) 试求长为 n 的所有 r 元可重圆排列的数目.

解 对于一个周期等于长度 n 的圆排列, 无论从哪一个位置剪开, 所得的线排列均不相同, 因而对应恰好 n 个不同的线排列. 而周期不等于长度的圆排列则由它的最小循环唯一确定. 此外, 不同的圆排列所对应的线排列也一定不同.

设 $M(d)$ 为长度和周期均为 d 的 r 元可重圆排列的数目. 由于长度为 n 的 r 元可重线排列的数目等于 r^n, 故由上面的分析得

$$\sum_{d|n} dM(d) = r^n.$$

令 $f(n) = r^n, g(n) = nM(n)$. 则由默比乌斯反演公式 I, 得

$$nM(n) = \sum_{d|n} \mu(d) r^{n/d},$$

即

$$M(n) = \frac{1}{n} \sum_{d|n} \mu(d) r^{n/d}.$$

对圆排列的所有周期求和, 得长为 n 的所有 r 元可重圆排列的数目为

$$T(n) = \sum_{d'|n} M(d') = \sum_{d'|n} \frac{1}{d'} \sum_{d|d'} \mu(d) r^{d'/d}.$$

在上例中, 当 $n = 3, r = 2$ 时,

$$M(1) = \frac{1}{1}\mu(1)2^1 = 2, \quad M(3) = \frac{1}{3}(\mu(1)2^3 + \mu(3)2^1) = 2. \tag{25}$$

说明长度和周期均为 1 的 2 元可重圆排列有两个, 即 1 和 2; 长度和周期均为 3 的 2 元可重圆排列有两个, 即 112 和 122. 故由 (25) 式, 长度为 3 的所有 2 元可重圆排列有四个, 即 $111, 222, 112, 122$.

公式 (23) 和 (24) 是默比乌斯反演公式在正整数整除关系下的特殊形式. 下面将介绍更一般的形式, 即建立在偏序集上的默比乌斯反演公式.

偏序关系 (partial ordering relation) 定义在一个集合 P 上的二元关系 $\succcurlyeq$, 满足:

(1) 对任意 $x \in P$, 均有 $x \succcurlyeq x$ (自反性);

(2) 若 $x \succcurlyeq y$ 且 $y \succcurlyeq z$, 则有 $x \succcurlyeq z$ (传递性);

(3) 若 $x \succcurlyeq y$ 且 $y \succcurlyeq x$, 则有 $x = y$ (反对称性).

偏序集 (partially ordered set 或 poset)   设 $\succcurlyeq$ 是集合 P 上的一个偏序关系. 则称 P 是 $\succcurlyeq$ 下的偏序集. 特别地, 若 $\succcurlyeq$ 满足: 对任意 $x, y \in P$, 均有 $x \succcurlyeq y$ 或 $y \succcurlyeq x$, 则称 P 为**全序集** (fully ordered set).

偏序关系在形式上非常类似于数的大小关系 $\geqslant$, 故 "$x \succcurlyeq y$" 也读作 "x 大于等于 y". 此外, $x \succcurlyeq y$ 也常写作 $y \preccurlyeq x$, 而 $x \succ y$ 则表示 $x \succcurlyeq y$ 且 $x \neq y$.

例 3.13   (1) 一个集合 S 的所有子集所成的集合在包含关系下是一个偏序集, 记为 $\mathcal{P}(S)$;

(2) 任意正整数 n 的所有正因子在整除关系下是一个偏序集, 记为 D_n;

(3) 正整数集 $\{1, 2, \cdots, n\}$ 在正常大小关系下是一个全序集, 记为 $[n]$.

哈塞图 (Hasse diagram)   设 P 是一个偏序集, $x, y \in P$. 若 $x \prec y$ 且不存在 $z \in P$ 使得 $x \prec z \prec y$, 则称 y **覆盖** x. 依覆盖关系可直观地把偏序集 P 画出来, 称为哈塞图: 将 P 中的元素用点表示, 若 y 覆盖 x, 则在这两个点之间连一条边, 并把 y 画在 x 的上方.

图 3.2 分别给出了例 3.13 中 $\mathcal{P}(\{1, 2, 3\})$, D_{36} 和 $[6]$ 的哈塞图.

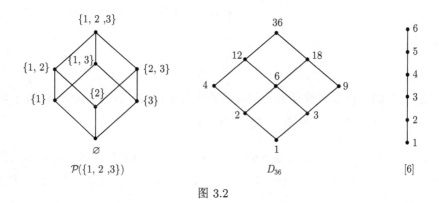

图 3.2

局部有限偏序集 (locally finite poset)   偏序集 P 满足: 对任意 $x, y \in P$, 集合 $\{w : x \preccurlyeq w \preccurlyeq y\}$ 均为有限集.

以下所涉及的偏序集 P 均是局部有限的. 设 $f : P \times P \to \mathbb{R}$ 和 $g : P \times P \to \mathbb{R}$ 是定义在 P 上的二元实值函数满足: 如果 $x \npreceq y$ (即 $x \succ y$ 或 x 与 y 不能比较大小), 则 $f(x,y) = g(x,y) = 0$. 定义 f 和 g 的 (**卷**) **积** $f \circ g$ 如下:

$$(f \circ g)(x,y) = \begin{cases} \displaystyle\sum_{x \preceq z \preceq y} f(x,z)g(z,y), & x \preceq y, \\ 0, & x \npreceq y. \end{cases} \tag{26}$$

易见, 积运算 $\circ$ 满足结合律, 证明如下:

$$
\begin{aligned}
(f \circ (g \circ h))(x,y) &= \sum_{x \preceq z \preceq y} f(x,z) \left(\sum_{z \preceq z' \preceq y} g(z,z')h(z',y) \right) \\
&= \sum_{x \preceq z \preceq z' \preceq y} f(x,z)g(z,z')h(z',y) \\
&= \sum_{x \preceq z' \preceq y} \left(\sum_{x \preceq z \preceq z'} f(x,z)g(z,z') \right) h(z',y) \\
&= \sum_{x \preceq z' \preceq y} (f \circ g(x,z'))h(z',y) = ((f \circ g) \circ h)(x,y).
\end{aligned}
$$

克罗内克 (Kronecker)δ-函数

$$\delta(x,y) = \begin{cases} 1, & x = y, \\ 0, & x \neq y. \end{cases}$$

易知

$$f \circ \delta = \delta \circ f = f. \tag{27}$$

因此, δ-函数可直观地理解为实值函数中的单位元. 若两个函数 f 和 g 满足 $f \circ g = \delta$, 则称 f 为 g 的**左逆**, g 为 f 的**右逆**.

引理 3.2 一个局部有限偏序集 P 上的二元实值函数 f 有左逆和右逆当且仅当对任意 $x \in P$, 均有 $f(x,x) \neq 0$. 进一步地, 若左逆和右逆存在, 则一定是相等的, 记为 f^{-1}.

证明 在 (26) 中令 $f \circ g = \delta$. 注意 $\delta(x,x) = 1$. 故 $f(x,x) \neq 0$ 对任意 $x \in P$ 成立, 由此必要性得证.

反之, 设 $f(x,x) \neq 0$ 对任意 $x \in P$ 成立. 下面将确定 f 的右逆 g. 首先令 $g(y,y) = 1/f(x,x)$. 现设 $x \prec y$. 为确定 $g(x,y)$ 的值, 我们递归地假设: 对任意满足 $x \prec z \preceq y$ 的 z, $g(z,y)$ 的值已经确定. 则由

$$\sum_{x \preceq z \preceq y} f(x,z)g(z,y) = \delta(x,y) = 0$$

得

$$-f(x,x)g(x,y) = \sum_{x \prec z \preceq y} f(x,z)g(z,y).$$

由归纳假设, 上式右端的各项都是已知的且 $f(x,x) \neq 0$, 故可唯一确定 $g(x,y)$ 的值. 这说明 f 存在右逆. 同理可证 f 左逆的存在性, 记为 g'. 进一步地, 注意到乘积运算 $\circ$ 满足结合律. 故由 (27) 式,

$$g' = g' \circ \delta = g' \circ (f \circ g) = (g' \circ f) \circ g = \delta \circ g = g,$$

即左逆等于右逆. □

ζ-函数

$$\zeta(x,y) = \begin{cases} 1, & x \preceq y, \\ 0, & x \not\preceq y. \end{cases}$$

由于 $\zeta(x,x) = 1$, 故由引理 3.2, ζ 有 (相等的) 左逆和右逆.

默比乌斯 μ-函数 ζ-函数的逆函数, 即 $\mu = \zeta^{-1}$.

由 ζ-函数, δ-函数和 μ-函数的定义不难得到如下性质.

默比乌斯 μ-函数的基本性质

(1) 对任意 $x \in P$, $\mu(x,x) = 1$;

(2) 对任意 $x \prec y$, $\mu(x,y) = -\sum_{x \preceq z \prec y} \mu(x,z)$;

(3) 对任意 $x \prec y$, $\mu(x,y) = -\sum_{x \prec z \preceq y} \mu(z,y)$.

上述性质 (2) 给出了计算 $\mu(x,y)$ 的一个递推方法: 令 $\mu(x,x) = 1$, 从 x 开始沿着哈塞图的边由下而上依序计算出每一个 $\mu(x,z)$, 其中 $x \prec z \preceq y$. 例如, 当 $P = \mathcal{P}(\{1,2,3\})$ 时, 则有 $\mu(\varnothing, \{1,2,3\}) = -1$, 其计算过程如图 3.3 所示.

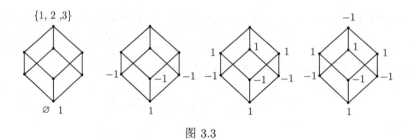

图 3.3

默比乌斯反演公式 II 设 $f(x)$ 和 $g(x)$ 是定义在局部有限偏序集 P 上的实值函数. 若对任意 $x \in P$,

$$g(x) = \sum_{y \preceq x} f(y). \tag{28}$$

则对任意 $x \in P$,

$$f(x) = \sum_{y \preceq x} \mu(y, x) g(y). \tag{29}$$

反之亦然.

证明 由 (28) 式,

$$\sum_{y \preceq x} g(y)\mu(y, x) = \sum_{y \preceq x} \left(\sum_{z \preceq y} f(z) \right) \mu(y, x) = \sum_{z \preceq y \preceq x} f(z)\mu(y, x)$$

$$= \sum_{z \preceq x} \left(f(z) \sum_{z \preceq y \preceq x} \mu(y, x) \right) = \sum_{z \preceq x} \left(f(z) \sum_{z \preceq y \preceq x} \zeta(z, y)\mu(y, x) \right)$$

$$= \sum_{z \preceq x} f(z)((\zeta \circ \mu)(z, x)) = \sum_{z \preceq x} f(z)\delta(z, x)$$

$$= f(x),$$

其中第四个等号成立是因为 $\zeta(z, y) = 1$ (因 $z \preceq y$), 最后一个等号成立是因为 $\delta(x, x) = 1$ 且当 $z \prec x$ 时 $\delta(z, x) = 0$. □

下面证明容斥原理和默比乌斯反演公式 I 都是默比乌斯反演公式 II 的特殊

情形.

推论 3.1(容斥原理 I).

证明 设 S 是一个有限集且 $P_1, P_2, \cdots, P_m$ 是与 S 相关的 m 个性质. 令 P 是 $M = \{1, 2, \cdots, m\}$ 的所有子集构成的集合, 即: $P = 2^M$. 对任意 $x, y \in P$, 定义 $y \preccurlyeq x$ 当且仅当 $y \subseteq x$.

对任意 $x \in P$, 设 $f(x)$ 为 S 中**恰好**满足每一个性质 P_i 的元素个数, 其中 $i \in \{1, 2, \cdots, m\} \setminus x$. 令

$$g(x) = \sum_{y \subseteq x} f(y).$$

则 $g(x)$ 是 S 中满足 (不必 "恰好", 其他性质也可能满足) 每一个性质 $P_i, i \in \{1, 2, \cdots, m\} \setminus x$, 的元素个数, 即

$$g(x) = \left| \bigcap_{i \in \overline{x}} A_i \right|.$$

特别地, 不难看出 $g(M) = |S|$.

现取 $x = M = \{1, 2, \cdots, m\}$. 则由 (29) 式, $f(M) = \sum_{y \subseteq M} \mu(y, M) g(y)$. 下面计算 $\mu(y, x)$. 我们断言: 对任意 $y \subseteq x$, 均有

$$\mu(y, x) = (-1)^{|x| - |y|}. \tag{30}$$

对 $|x| - |y|$ 做归纳. 若 $|x| - |y| = 0$, 则 $x = y$ (因为 $y \subseteq x$). 此时 $1 = \mu(x, x) = (-1)^{|x| - |x|} = 1$, 结论成立. 若 $|x| - |y| = 1$, 则 x 比 y 多一个元素, 不妨设 $x = y \cup \{i\}$. 则由默比乌斯函数的基本性质 (2), 得

$$\mu(y, x) = -\sum_{y \subseteq z \subset x} \mu(y, z) = -\mu(y, y) = -1 = (-1)^{|x| - |y|},$$

结论成立. 现设当 $|x| - |y| \leqslant r - 1$ 时结论成立. 考虑情形 $|x| - |y| = r$. 此时 $x = y \cup R$, 其中 R 是 $\{1, 2, \cdots, m\}$ 的一个 r-元子集. 故由默比乌斯函数基本性质 (2), 得

$$\mu(y, x) = -1 + C_r^1 - C_r^2 + \cdots + (-1)^i C_r^i + \cdots + (-1)^{r-1} C_r^{r-1} = (-1)^r.$$

故断言得证.

由 (30) 式, 得

$$f(M) = \sum_{y \subseteq M} \mu(y, M) g(y)$$

$$= g(M) - \sum_{|y|=m-1} g(y) + \cdots + (-1)^i \sum_{|y|=m-i} g(y) + \cdots + (-1)^m \sum_{|y|=0} g(y)$$

$$= |S| - \sum_{i=1}^{m} |A_i| + \sum_{i<j,\ i,j \in M} |A_i \cap A_j| - \cdots + (-1)^m |A_1 \cap A_2 \cap \cdots \cap A_m|.$$

另一方面, 由 $f(x)$ 的定义, $f(M)$ 是恰好满足每一个性质 P_i 的元素个数, 其中 $i \in \overline{M} \setminus M$. 注意 $\overline{M} \setminus M = \varnothing$, 这等价于 $f(M)$ 是不满足任何性质的元素个数, 即 $f(M) = \left| \overline{A_1} \cap \overline{A_2} \cap \cdots \cap \overline{A_m} \right|$. □

推论 3.2 (默比乌斯反演公式 I). 留作习题.

3.4* 图多项式中的容斥原理

本节介绍容斥原理在图论中的一些经典应用. 一个**图** (graph) 是由一些**顶点**和**边**构成的组合结构, 每条边连接两个顶点. 一个图通常记为 $G = (V(G); E(G))$, 其中 $V(G)$ 表示图 G 所有顶点的集合, 称为顶点集; $E(G)$ 表示图 G 所有边的集合, 称为边集. 设 u 和 v 是一个图 G 的两个顶点. 若一条边 e 连接 u 和 v, 则记这条边为 $e = uv$, 并称 u 和 v 是**相邻**的, 或 e 与 u, v 是**关联**的. 描述一个图最直观的方式是把它 "画" 出来. 例如满足 $V(G) = \{v_1, v_2, v_3, v_4, v_5, v_6\}$ 和 $E(G) = \{v_1 v_2, v_1 v_4, v_1 v_5, v_2 v_3, v_2 v_5, v_4 v_5, v_5 v_6\}$ 的图画出来如图 3.4(a) 所示.

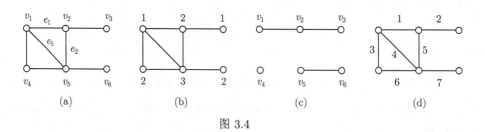

图 3.4

图中的一个圈是一个点边序列 $u_1 e_1 u_2 e_2 \cdots e_{k-1} u_k e_k u_1$, 其中 $e_1 = u_1 u_2, e_2 =$

$u_2u_3, \cdots, e_{k-1} = u_{k-1}u_k, e_k = u_ku_1$. 如图 3.4(a) 中 $v_1e_1v_2e_2v_5e_5v_1$ 就是一个圈. 图的一个 k-**着色**是给它的顶点用 k 种颜色染色, 使得任意两个相邻的点均不同色. 图 3.4(b) 就是一个 3-着色, 其中数字表示颜色. 一个图不一定是连通的, 它的每一个连通的部分称为**连通分支**. 图 3.4(c) 中的图有三个连通分支 (含孤立点).

色多项式 (chromatic polynomial) 对任意一个图 G 和正整数 k, G 的所有 k-着色的数目等于

$$P(G,k) = \sum_{F \subseteq E(G)} (-1)^{|F|} k^{c(F)}, \tag{31}$$

其中 $c(F)$ 是图 $G_F = (V(G), F)$ (以 $V(G)$ 为顶点集, F 为边集的图) 的连通分支的数目. $P(G,k)$ 称为 G 的色多项式.

证明 G 的一个 k-**染色**是指用 k 种颜色给它的顶点染色, 这里不要求相邻顶点不同色. 令 S 为 G 的所有 k-染色的集合. 显然, $|S| = k^n$, 其中 n 为 G 的顶点数. 对任意 $e \in E(G)$, 定义性质 P_e: e 所关联的两个顶点同色. 则 G 的 k-着色的数目等于 S 中**不满足**任何性质的 k-染色的数目. 对任意 $F \subseteq E(G)$, 满足 F 中所有性质的染色意味着图 $G_F = (V(G), F)$ 中的每一个连通分支中的所有顶点必须同色. 由于每一个连通分支有 k 种颜色可选, 这样的染色方法数显然等于 $k^{c(F)}$. 故由容斥原理直接可得 (31) 式. $\qquad\square$

k-着色的数目 $P(G,k)$ 是由伯克霍夫 (Birkhoff) 于 1912 年为攻克地图着色四色猜想所建立, 后来发现它是一个关于 k 的多项式, 故称色多项式.

例 3.14 计算图 3.4(a) 的色多项式和 3-着色的方法数.

解 若 $F = \varnothing$, 则显然每一个点都是一个连通分支, 故 $c(F) = 6$. 类似地, 若 F 只有一条边或两条边, 则 $c(F)$ 分别等于 5 和 4. 若 F 有三条边, 则情况会复杂一些: 当 F 构成一个三条边的圈时 (例如 $F = \{v_1v_2, v_1v_5, v_2v_5\}$), 则 $c(F) = 4$, 这样的 F 有两个; 而当 $F = \{v_1v_2, v_2v_3, v_5v_6\}$ 时 (图 3.4(c)), 则 $c(F) = 3$, 这样的 F 的选法有 $C_7^3 - 2$ 种. 对于 F 含有多于三条边的情形类似讨论. 由 (31) 式得 G 的色多项式为

$$P(G,x) = x^6 - C_7^1 x^5 + C_7^2 x^4 - (2 \times x^4 + (C_7^3 - 2)x^3) + (9 \times x^3 + (C_7^4 - 9)x^2)$$

$$- (x^3 + 12 \times x^2 + (C_7^5 - 13)x^1) + (2 \times x^2 + (C_7^6 - 2)x^1) - x^1$$

$$= x^6 - 7x^5 + 19x^4 - 25x^3 + 16x^2 - 4x.$$

故 G 的 3-着色数目为 $P(G, 3) = 24$.

从例 3.14 的计算我们看到有些计算是重复的. 如当 F 取两条边时 $c(F) = 4$ 且为正项, 而当 F 取三条边 v_1v_2, v_1v_5, v_2v_5 时 $c(F)$ 也等于 4, 但为负项. 说明这两项是相互抵消的, 但在 (31) 式中被重复计算了. 若能知道有哪些正负项是可以抵消的, 而不去计算这部分, 则可大幅减少计算量. 这对于图的色多项式来说是可以做到的, 此即惠特尼 (Whitney) 于 1932 所给的经典结果.

破圈定理 (broken cycle theorem) 设 G 是一个 n 个顶点、m 条边的图, 其边集 $E(G) = \{1, 2, \cdots, m\}$. G 的一个**破圈**是指 G 的一个圈去掉编号最大的边后的结构. 则

$$P(G, x) = \sum_{F \in \mathcal{B}} (-1)^{|F|} x^{c(F)} = \sum_{i=0}^{n-1} (-1)^i a_i x^{n-i}, \tag{32}$$

其中 $\mathcal{B}$ 是 G 中所有不含破圈的边子集的集合, a_i 是具有 i 条边且不含破圈的边子集的数目.

证明 设 $C_1, C_2, \cdots, C_q$ 是 G 的所有圈, $e_1, e_2, \cdots, e_q$ 分别为它们的最大边. 设 $B_1, B_2, \cdots, B_q$ 是 G 的所有破圈, 即 $B_i = C_i - e_i$. 对每一个破圈 B_i, 令 $\beta(B_i) = \max\{e : e \in B_i\}$. 不妨设

$$\beta(B_1) \leqslant \beta(B_2) \leqslant \cdots \leqslant \beta(B_q).$$

对 $i \in \{2, 3, \cdots, q\}$, 令 $\mathcal{F}_i$ 为 G 中所有包含 B_i 但不包含 $B_1, \cdots, B_{i-1}$ 的边子集 F 所成的集合. 特别地, 令 $\mathcal{F}_1$ 为 G 中所有包含 B_1 的边子集的集合; $\mathcal{F}_{q+1}$ 为 G 中所有不包含任何破圈的边子集的集合.

容易看出, $\mathcal{F}_1$ 中的边子集分为两类: 一类包含 e_1, 另一类不含 e_1. 进一步地, 这两类是一一对应的, 即第一类中的边子集 F 对应第二类中的边子集 $F \setminus \{e_1\}$. 注意 $|F| = |F \setminus \{e_1\}| + 1, c(F) = c(F \setminus \{e_1\})$. 说明 F 和 $F \setminus \{e_1\}$ 在 (31) 式中是对消的.

现考虑 $\mathcal{F}_2$. 由 $\beta(B_1) \leqslant \beta(B_2)$ 知 $e_2 \notin B_1$ (否则, $\beta(B_1) \geqslant e_2 > \beta(B_2)$, 即 B_2 应该排在 B_1 之前, 矛盾). 由此, 对任一 $F \in \mathcal{F}_2$, 我们有 $F \cup \{e_2\} \notin \mathcal{F}_1$ (因

为 F 不含 B_1, 又 $e_2 \notin B_1$, 故 $F \cup \{e_2\}$ 不含 B_1). 类似于 $\mathcal{F}_1$ 的讨论, $\mathcal{F}_2$ 中的边子集也分为两类: 一类包含 e_2, 另一类不含 e_2, 且它们是对消的. 一般地, 对 $i \in \{1, 2, \cdots, q\}$, $\mathcal{F}_i$ 中的边子集分为两类: 一类包含 e_i, 另一类不含 e_i, 且它们是对消的.

综上, (31) 式仅需对 $\mathcal{F}_{q+1}$ 中的边子集求和. 注意 $\mathcal{F}_{q+1}$ 中的边子集 F 都是不含圈的图, 其连通分支数由它的边数唯一确定, 即: $c(F) = n - |F|$. 故由 (31) 式,

$$P(G, x) = \sum_{F \in \mathcal{B}} (-1)^{|F|} x^{c(F)} = \sum_{i=0}^{n-1} (-1)^i a_i x^{n-i}. \qquad \square$$

下面我们用破圈定理来计算例 3.14. 将图的 7 条边标为 $1, 2, 3, 4, 5, 6, 7$, 如图 3.4(d) 所示. 由破圈的定义, G 有三个破圈: $\{1, 4\}, \{3, 4\}, \{1, 3, 5\}$. 显然空集和只有一条边的子集都不含破圈. 除了破圈 $\{1, 4\}$ 和 $\{3, 4\}$ 自身, 任意两条边的子集也都不含破圈, 这样的边子集有 $C_7^2 - 2 = 19$. 易验证, 有三条边且**包含**破圈的边子集有 10 个, 即包含 $\{1, 4\}$ 和 $\{3, 4\}$ 的各有 5 个, 以及破圈 $\{1, 3, 5\}$ 自身, 但注意 $\{1, 3, 4\}$ 既包含了 $\{1, 4\}$ 也包含了 $\{3, 4\}$. 因此, 有三条边且**不包含**破圈的边子集有 $C_7^3 - 10 = 25$ 个. 类似地, 易验证有 $4, 5$ 条边且不含破圈的边子集分别有 $16, 4$ 个. 注意, 不含破圈的边子集最多含五条边. 故由破圈定理, G 的色多项式为

$$P(G, x) = x^6 - 7x^5 + 19x^4 - 25x^3 + 16x^2 - 4x.$$

从上面的计算我们看到所有重复的计算都被剔除了.

破圈定理的意义 在破圈定理中, 由于所取的边集 F 不含破圈, 因而极大地简化了计算. 进一步地, 不含 (破) 圈也意味着 G_F 的连通分支数由 F 的边数完全确定, 即 $c(F) = n - |F|$. 因此, 若 F 和 F' 均不含破圈, 则 $(-1)^{|F|} x^{c(F)} \neq -(-1)^{|F'|} x^{c(F')}$, 说明 $(-1)^{|F|} x^{c(F)}$ 和 $(-1)^{|F'|} x^{c(F')}$ 在 (32) 式中不可能对消. 由此, (32) 式中没有再可以对消的项, 也即已 "完全对消". 这事实上也给出了色多项式系数的一个组合解释, 如下.

色多项式系数 $P(G, x)$ 是一个 n 次多项式, 它的 x^{n-i} 项系数中的 a_i 等于 G 中具有 i 条边且不含破圈的所有边子集的数目. 特别地,

(1) $P(G, x)$ 的系数正负交错.

(2) $a_0 = 1, a_1 = m, a_2 = C_m^2 - t(G), \cdots, a_{n-1} \leqslant \tau(G), a_n = 0$, 其中 m 为边数, $t(G)$ 和 $\tau(G)$ 分别为 G 中三角形的数目和连通且不含圈的子图的数目.

(3) 若 G 的所有圈的长均不小于一个正整数 c, 则对任意 $i \in \{0, 1, 2, \cdots, c - 2\}$, 均有 $a_i = C_m^i$. 特别地, 若 G 连通且不含圈, 则

$$
\begin{aligned}
P(G, x) &= a_0 x^n - a_1 x^{n-1} + a_2 x^{n-2} - \cdots + (-1)^{n-1} a_{n-1} x \\
&= C_{n-1}^0 x^n - C_{n-1}^1 x^{n-1} + C_{n-1}^2 x^{n-2} - \cdots + (-1)^{n-1} C_{n-1}^{n-1} x \\
&= x(x - 1)^{n-1}.
\end{aligned}
$$

(4) 单峰性猜想 (由 Huh 于 2012 年证明): 存在 $p \in \{1, 2, \cdots, n - 1\}$, 使得

$$
a_0 \leqslant a_1 \leqslant a_2 \leqslant \cdots \leqslant a_p \geqslant a_{p+1} \geqslant \cdots \geqslant a_{n-1}.
$$

除了色多项式, 还有很多图的计数多项式可表示为容斥原理的形式. 从形式上看, 图的计数多项式可分为两类: 一类多项式其本身是图的某一计数问题的表达式, 如色多项式、流多项式; 而另一类则是用形式幂级数的系数来表示某一计数问题, 如独立多项式、匹配多项式、控制多项式等. 下面介绍三个典型的可表示为容斥原理的图多项式.

设 W 是图 G 的一个顶点子集. 如果 W 中的任何两个顶点均不相邻, 则称 W 为 G 的一个**点独立集**, 如图 3.5(a). 设 F 是图 G 的一个边子集. G 的由 F **导出的子图**是指由 F 中的边及其关联的顶点所成的图, 并记为 $G[F]$.

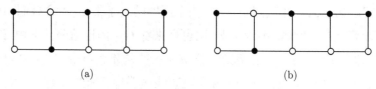

(a)   (b)

图 3.5   (a) 一个点独立集 (黑点); (b) 一个点控制集 (黑点)

点独立多项式 (independence polynomial) 一个 n 个顶点的图 G 的点独立多项式定义为

$$
I(G, x) = \sum_{k=0}^n i_k(G) x^k,
$$

其中 $i_k(G)$ 是 G 中具有 k 个点的独立集的个数. $I(G, x)$ 可表示为如下容斥形式:

$$I(G, x) = \sum_{F \subseteq E(G)} (-1)^{|F|} x^{|G[F]|} (1+x)^{n-|G[F]|},$$

其中 $|G[F]|$ 是导出子图 $G[F]$ 中的顶点数.

证明　用黑、白两种颜色给 G 的顶点染色, 其中黑点表示独立集中的点, 白点表示非独立集的点. 设 S 是 G 的所有黑白染色的集合. 对任意 $e \in E(G)$, 定义 S 上的性质 P_e: e 所关联的两个顶点染黑色. 故 G 的一个顶点子集是独立集当且仅当它所对应的黑白染色不满足任何性质. 对任意 $F \subseteq E(G)$, 满足性质 P_F 的点均为黑色, 共计 $|G[F]|$ 个; 而其他 $n-|G[F]|$ 个顶点可黑可白. 注意 x^k 的指数 k 在独立多项式的定义中表示独立集中点的个数, 也即黑点的个数. 若用 y 表示白点, 则满足所有性质 $P_e, e \in F$ 的染色方法数的母函数为

$$x^{|G[F]|} (y+x)^{n-|G[F]|}. \tag{33}$$

但由独立多项式的定义, 白点是不计数的. 故白点退化为用 1 表示. 由此, (33) 式退化为 $x^{|G[F]|}(1+x)^{n-|G[F]|}$. 故由容斥原理, 不满足任何性质的染色方法数的母函数为

$$\sum_{F \subseteq E(G)} (-1)^{|F|} x^{|G[F]|} (1+x)^{n-|G[F]|}. \qquad \square$$

对于图 G 的一个顶点子集 W, 若 $V(G) \setminus W$ 中的任何一个顶点都至少与 W 中的一个顶点相邻, 则称 W 是 G 的一个**点控制集**, 如图 3.5(b). G 的一个顶点子集 W 与它的所有相邻顶点的集合的并称为 W 的**闭邻集**, 记为 $N[W]$.

控制多项式 (domination polynomial)　一个 n 个顶点的图 G 的控制多项式定义为

$$D(G, x) = \sum_{i=1}^{n} d_i(G) x^i,$$

其中 $d_i(G)$ 等于 G 中具有 i 个点的控制集的个数. $D(G, x)$ 可表示为如下容斥形式:

$$D(G, x) = \sum_{W \in V(G)} (-1)^{|W|} (1+x)^{n-|N[W]|}.$$

证明 用黑、白两种颜色给 G 的顶点染色, 其中黑色表示控制集中的点, 白色表示其他点. 对任意 $v \in V(G)$, 定义性质 P_v: v 是白点但不与任何黑点相邻. 由此, G 的一个黑白染色对应于一个点控制集当且仅当它不满足任何性质. 对任意 $W \subseteq V(G)$, 满足性质 P_W 的点均为白色且不与任何黑点相邻. 因此, 满足性质 P_W 的染色方法数的母函数为 $y^{|N[W]|}(x+y)^{n-|N[W]|}$, 其中 x 表示黑点, y 表示白点. 将 y 退化为 1, 得 $y^{|N[W]|}(x+y)^{n-|N[W]|} = (1+x)^{n-|N[W]|}$. 故由容斥原理, 得证. $\qquad\square$

设 k 是一个正整数. 一个图 G 的一个**模 k-流**, 或简称 k-流, 是指 G 的每一条边都标有一个方向和流值, 使得在 G 的任何一个顶点 v, 流进和流出 v 的流值在模 k 的意义下相等. 若每一条边的流值均不等于 0, 则称它是**处处非零模 k-流**, 如图 3.6. 对于图 G 的任意一个边子集 F, 记 $G - F$ 为由 G 去掉 F 中的边所得的图.

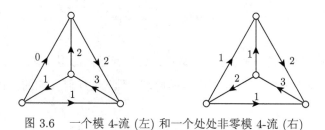

图 3.6　一个模 4-流 (左) 和一个处处非零模 4-流 (右)

流多项式 (flow polynomial)　对任意正整数 x, 记 $F(G,x)$ 为图 G 的处处非零模 x-流的数目. 则

$$F(G,x) = \sum_{K \subseteq E(G)} (-1)^{|K|} x^{\beta(G-K)},$$

其中, 对任意一个图 H, $\beta(H) = m(H) - n(H) + c(H)$, 而 $m(H), n(H)$ 和 $c(H)$ 分别为 H 的边数, 顶点数和连通分支数.

证明 对任意一个图 H, 可以证明 (留作习题) H 中模 x-流 (不必处处非零) 的数目等于 $x^{\beta(H)} = x^{m(H)-n(H)+c(H)}$. 对任意一条边 e, 定义性质 P_e: 边 e 上的流值等于 0. 显然处处非零模 x-流的数目等于不满足任何性质的模 x-流的数目. 对 G 的任意边子集 K, 若一个模 x-流满足 K 中每一条边的性质, 则该流在 K 中每一条边的流值均等于 0, 因而等价于图 $G - K$ 的一个模 x-流 (不必处处非零). 因此, 满足 K 中每一条边的性质的模 x-流的数目等于 $x^{\beta(G-K)}$. 故由容斥原理, 得证. □

本 章 小 结

本章前两节学习了容斥原理的基本思想方法及其应用, 是容斥原理最基础的内容. 3.3 节所介绍的默比乌斯反演则是建立在偏序集上更一般的 "容斥原理". 若用默比乌斯反演的语言描述, 则容斥公式是在集合包含关系下的默比乌斯反演公式.

容斥原理是通过一系列 "容" 和 "斥" 不断修正计算结果, 最终获得正确答案. 因此, 容斥过程包含了大量的重复计算. 事实上, 由容斥公式 (21) 可看出一个具有 m 个性质的问题需要计算 2^m 个项. 因而从计算的角度, 由容斥原理产生的算法一般说来不是好算法. 即使是在一些特殊问题中, 如图的色多项式计算中, 其容斥过程中的重复计算得以有效避免 (破圈定理), 但算法复杂度仍然是指数量级的.

习 题 3

3.1 求在 1 至 1000 的整数中即不能被 6 也不能被 14 整除的整数个数.

3.2 求在 1 至 1000 的整数中能被 6 或 14 整除的整数个数.

3.3 求在 1 至 1000 的整数中能被 8 整除但不能被 6 也不能被 10 整除的整数个数.

3.4 求在 1 至 1000 的整数中既不是平方数也不是立方数的整数个数.

3.5 方程 $x + y + z = 15$ 的满足条件 $2 \leqslant x \leqslant 8, 3 \leqslant y \leqslant 7, 1 \leqslant z \leqslant 10$ 的整数解有多少?

3.6 八个班举行组合数学期中考试, 由八位教师监考, 班主任不能监考自己的班级. 分别计算满足下列条件的监考方式的数目:

(1) 这八位教师都是班主任;

(2) 这八位教师中有五位是班主任.

3.7 将九个字母 M, A, T, H, I, S, F, U, N 全排列, 使得排列中不出现 MATH, IS, FUN 三个字段. 问: 有多少种排法?

3.8 装七个信封. 问有多少种方法使得

(1) 所有信封都装错了?

(2) 至少有一个信封装对了?

(3) 至少有两个信封装对了?

3.9 将两个 1, 两个 2, $\cdots$, 两个 n 这 $2n$ 个数全排列, 要求相同的数均不相邻. 问: 有多少种排法?

3.10 求在三维直角坐标系中以 $(8,0,0), (0,8,0), (0,0,8), (-8,0,0), (0,-8,0), (0,0,-8)$ 为顶点的八面体内部三个坐标均为整数的点的数目.

3.11 求从集合 $A = \{3 \cdot a, 4 \cdot b, 5 \cdot c\}$ 取出八个元的方法数.

3.12 将三个 a, 三个 b, 三个 c 这九个字母全排列, 要求相同的字母均不相邻. 问: 有多少种排法?

3.13 将 $a_1, a_2, \cdots, a_n, b_1, b_2, \cdots, b_n, c_1, c_2, \cdots, c_n$ 全排列, 要求对任意的 $i \in \{1, 2, \cdots, n\}$, a_i 不与 b_i 相邻. 问: 有多少种排法?

3.14 证明 $Q_n = D_n + D_{n-1}$ $(n \geqslant 2)$, 其中 Q_n 和 D_n 分别为相邻禁位排列数和错排数.

3.15 在 $1, 2, \cdots, n$ 的全排列中, 求 $1, 2, \cdots, k$ $(k \leqslant n)$ 不排在自然位置上的数目.

3.16 用组合论证法证明

$$C_n^0 D_n + C_n^1 D_{n-1} + C_n^2 D_{n-2} + \cdots + C_n^n D_0 = n!,$$

其中 D_0 定义为 1.

3.17 (卢卡斯夫妻入座问题) 有 n 对夫妻坐成一排, 要求男女相间且每对夫妇不相邻. 问: 有多少种坐法?

3.18 (装盒问题 15, 17) 用 n 个无区别的盒子装 k 个有区别的球, 每个盒子至少装一个球 $(n \leqslant k)$, 球在盒中有序, 有多少种装法? 若每盒装球数不限, 又有多少种装法?

3.19 用 n 个有区别的盒子装 k 个有区别的球 $(n \leqslant k)$. 用容斥原理计算下列各题:

(1) (装盒问题 5) 若每个盒子至少装一个球, 有多少种装法?

(2) 若前 m $(1 \leqslant m \leqslant n)$ 个盒子均至少装一个球, 有多少种装法?

(3) 若前 m $(1 \leqslant m \leqslant n)$ 个盒子均至少装一个球且对任意 $i \in \{1, 2, \cdots, m\}$, 第 i 个盒不能装第 i 个球, 有多少种装法?

3.20 $1, 2, \cdots, n$ 的全排列, 要求 i 不在 i 位也不在 $n - i + 1$ 位, 有多少种排列方法?

3.21 有 $2n$ 个女孩面朝圆心的正前方围坐一圆桌. 现需重新安排她们的座位, 使得每一个女孩对面的女孩都不是原来的, 有多少种安排方法?

3.22* 设 $n \leqslant k$. 证明

$$\sum_{i=0}^{n-1} (-1)^i C_n^i A_{n-i+k-1}^k = k! C_{k-1}^{n-1}.$$

提示 考虑装盒问题 14.

3.23* 一个含三个变元 x, y, z 的对称多项式总共包含九个项, 其中四项包括 x, 两项包括 xyz, 一项是常数项. 求包含 xy 的项有多少个?

提示 对称多项式在变元的任何一个置换下均保持不变.

3.24* 在例 3.13 我们知道正整数集 $\{1,2,\cdots,n\}$ 在整除关系 '|' 下是一个偏序集. 设 $a,b\in\{1,2,\cdots,n\}$ 且 $a|b$. 证明: $\mu(a,b)=\mu(1,b/a)$.

3.25* 在默比乌斯反演公式 I 中, 证明: 若 (24) 式成立则 (23) 式成立.

3.26* (习题 1.37) 五个红苹果和八个绿苹果排成一个圆, 同色苹果无区别, 有多少种排法?

3.27* 运用默比乌斯反演公式 II 证明默比乌斯反演公式 I.

3.28* 运用例 3.12 推导有 b_1 个 1, b_2 个 2, $\cdots$, b_r 个 r 的圆排列的数目 (注意此时圆排列的长度为 $n=b_1+b_2+\cdots+b_r$).

3.29* 证明 $2\delta-\zeta$ 是可逆的, 并给出 $(2\delta-\zeta)^{-1}(x,y)$ 的组合解释, 其中 δ 和 ζ 分别是 δ-函数和 ζ-函数.

3.30* 计算色多项式的系数 a_3.

3.31* 计算 n 个顶点的圈的色多项式.

3.32* 计算图 3.5 的点独立多项式.

3.33* 计算图 3.6 处处非零模 4-流的数目.

3.34* 证明一个图的 x-流 (不必处处非零) 的数目等于 x^{m-n+c}, 其中 m,n 和 c 分别为该图的边数, 顶点数和连通分支数.

小课题 (棋盘互不捉吃的车问题).

在 8×8 国际象棋的棋盘上放置八个互不捉吃的车, 即: 任意两个车均不在棋盘的同一行也不在同一列中. 棋盘上有八个格子是禁止放车的. 请根据八个禁止放车的格子的分布情况探讨放置这八个车的方法数.

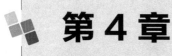

第 4 章
递推关系

设 $f(n)$ 是一个关于自然数 n 的计数问题的数目. 考虑数列

$$f(0), f(1), f(2), \cdots, f(n), \cdots.$$

若 $f(n)$ 可与它前面的一些数 $f(n-1), f(n-2), \cdots, f(n-k)$ 关联在一起满足一个方程式, 则称这个方程式为 $f(n)$ 的一个**递推关系** (recurrence relation), 又称**递归关系**或**差分方程** (difference equation). 例如

$$f^2(n-1) - f(n-2)f(n) + (-1)^{n-1} = 0 \tag{34}$$

就是 $f(n)$ 的一个递推关系, 其中 $k = 2$. 更确切地说, 方程 (34) 是一个关于 $f(n), f(n-1), f(n-2)$ 的常系数二次非齐次递推关系, 其中 $f^2(n-1)$ 和 $f(n-2)f(n)$ 是二次项, 系数分别为 1 和 -1; $(-1)^{n-1}$ 为 0 次项; 而一次项的系数均为 0.

本章主要考虑常系数线性递推关系的求解问题.

4.1 递推关系的建立

例 4.1 (兔子数列) 假设兔子在出生两个月后就有繁殖能力, 每一对有繁殖能力的兔子在每个月都会生一对小兔子. 现有一对小兔子, 那么一年以后共有多少对兔子?

分析 设第 n 个月的兔子的对数为 $f(n)$. 易知, $f(1) = 1, f(2) = 1$. 进一步地, 对任意 $n > 2$, 第 n 个月的兔子由两部分组成: 一是上个月的兔子, 有 $f(n-1)$ 对; 二是在这个月新出生的小兔子, 而一对兔子在这月生小兔子当且仅当它们是上上个月的兔子, 故有 $f(n-2)$ 对. 因此, $f(n)$ 满足下述关系式:

$$\begin{cases} f(n) = f(n-1) + f(n-2) & \text{(递推关系)}, \\ f(1) = 1, \quad f(2) = 1 & \text{(初始条件)}. \end{cases} \tag{35}$$

满足上述递推关系的数列 $f(1), f(2), \cdots, f(n), \cdots$ 称为**兔子数列**或**斐波那契** (Fibonacci) **数列**, $f(n)$ 也记为 F_n, 称为**斐波那契数** (见绪论及附录), $f(1) = 1, f(2) = 1$ 称为**初始条件**. 从形式上说, 一个计数问题的递推关系并不一定是唯一的, 可以证明 (34) 式也是斐波那契数的一个递推关系.

例 4.2 (汉诺塔问题) 现有 A, B, C 三根立柱以及 n 个大小不等的中空圆盘. 圆盘从大到小套在 A 柱上形成塔形, 如图 4.1 所示. 现要把 n 个圆盘从 A 柱上搬到 C 柱上并保持原来的大小顺序不变, 要求每次只能从一根立柱上搬下一个圆盘放到另一根立柱上且不允许大盘压在小盘上. 建立该问题所需最少搬运次数的递推关系.

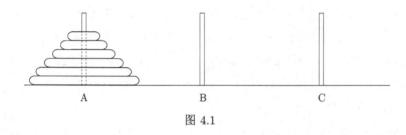

图 4.1

解 记 $f(n)$ 为 n 个圆盘从 A 柱搬到 C 柱所需要的最少次数. 注意有一步是**必经的**, 即: 最大的盘从 A 柱搬出放到 C 柱上, 此时其他盘必全在 B 柱上且从大到小排列. 故整个搬运过程可以分成三个阶段:

(1) 将 A 柱最大盘上面的 $n-1$ 个圆盘从 A 柱按要求搬到 B 柱上, 搬动次数为 $f(n-1)$;

(2) 将最大盘从 A 柱搬到 C 柱上, 搬动次数为 1;

(3) 将 B 柱上的 $n-1$ 个圆盘按要求搬到 C 柱上, 搬动次数为 $f(n-1)$.

于是, $f(n) = 2f(n-1) + 1$. 此外, 显然有 $f(1) = 1$. 故得如下递推关系:

$$\begin{cases} f(n) = 2f(n-1) + 1, \\ f(1) = 1. \end{cases}$$

例 4.3 (错排问题, 见 3.2 节) 建立错排数 D_n 的递推关系.

解 将所有的错排 $i_1 i_2 \cdots i_n$ 分成 $n-1$ 类:

$$A_k = \{i_1 i_2 \cdots i_n \in D_n : i_1 = k\}, \quad k = 2, 3, \cdots, n.$$

显然有 $D_n = A_2 \cup A_3 \cup \cdots \cup A_n$, 且由对称性, $|A_2| = |A_3| = \cdots = |A_n|$. 将 A_2 分为如下两类讨论.

(1) $i_2 = 1$. 注意 $i_1 = 2$, 故 $i_3 i_4 \cdots i_n$ 是 $3, 4, \cdots, n$ 的一个错排, 共有 D_{n-2} 个.

(2) $i_2 = s \neq 1$. 此时 $i_1 i_2 \cdots i_n$ 具有如下形式

$$2s * \cdots * 1 * \cdots *.$$

注意 $s * \cdots * 1 * \cdots *$ 是 $1, 3, 4, \cdots, n$ 的一个全排列. 将 $1, 3, 4, \cdots, n$ 分别视为 $n-1$ 个新的自然数 $\overline{1}, \overline{2}, \overline{3}, \cdots, \overline{n-1}$. 由于 $s \neq 1$, 故 $\overline{1} = 1$ 不在 $s * \cdots * 1 * \cdots *$ 的第一位. 进一步地, 由于 $2s * \cdots * 1 * \cdots *$ 是一个错排, 故对任意 $i \in \{3, 4, \cdots, n\}$, i 不在 $2s * \cdots * 1 * \cdots *$ 的第 i 位, 这说明 i 不在 $s * \cdots * 1 * \cdots *$ 的第 $i-1$ 位, 也即 $\overline{i-1}$ 不在 $s * \cdots * 1 * \cdots *$ 的第 $i-1$ 位. 因此 $s * \cdots * 1 * \cdots *$ 是 $\overline{1}, \overline{2}, \overline{3}, \cdots, \overline{n-1}$ 的一个错排, 故有 D_{n-1} 个.

上述讨论说明 $D_n = (n-1)(D_{n-1} + D_{n-2})$. 注意 $D_1 = 0, D_2 = 1$. 故得错排问题的递推关系如下:

$$\begin{cases} D_n = (n-1)(D_{n-1} + D_{n-2}), \\ D_1 = 0, \quad D_2 = 1. \end{cases}$$

注意该递推关系不是常系数的.

递推关系一旦建立, $f(n)$ 可由递推关系及初始条件推得. 而理想的结果是能根据递推关系及初始条件获得 $f(n)$ 的确切表达式 (解析表达式). 但在一般情况下, 这是较为困难的. 在接下来的三节我们将介绍在一些特殊情形下 $f(n)$ 的求解问题.

4.2 常系数线性齐次递推关系

常系数线性齐次递推关系的一般形式为

$$f(n) = c_1 f(n-1) + \cdots + c_k f(n-k), \tag{36}$$

其中 $n \geqslant k$, $c_1, c_2, \cdots, c_k$ 为常数且 $c_k \neq 0$, $f(t), f(t+1), \cdots, f(t+k-1)$ 的值 (初始条件) 是给定的 (t 是任意一个自然数, 通常取 $t = 0$ 或 1).

特征方程 方程

$$x^k - c_1 x^{k-1} - c_2 x^{k-2} - \cdots - c_k = 0$$

称为递推关系 (36) 的特征方程, 它的 k 个根称为递推关系 (36) 的**特征根**.

定理 4.1 (单特征根情形) 设 $q_1, q_2, \cdots, q_k$ 是递推关系 (36) 的 k 个互不相等的特征根. 则

$$f(n) = b_1 q_1^n + b_2 q_2^n + \cdots + b_k q_k^n \tag{37}$$

是递推关系 (36) 的通解, 其中 $b_1, b_2, \cdots, b_k$ 为任意常数. 进一步地, 若 $b_1, b_2, \cdots, b_k$ 满足方程组

$$\begin{cases} b_1 + b_2 + \cdots + b_k = f(0), \\ b_1 q_1 + b_2 q_2 + \cdots + b_k q_k = f(1), \\ \qquad \cdots\cdots \\ b_1 q_1^{k-1} + b_2 q_2^{k-1} + \cdots + b_k q_k^{k-1} = f(k-1), \end{cases} \tag{38}$$

则递推关系 (37) 是 $f(n)$ 满足初始条件的唯一解.

证明 由递推关系 (37), 得

$$\begin{aligned} c_1 f(n-1) + \cdots + c_k f(n-k) &= c_1 (b_1 q_1^{n-1} + b_2 q_2^{n-1} + \cdots + b_k q_k^{n-1}) \\ &\quad + c_2 (b_1 q_1^{n-2} + b_2 q_2^{n-2} + \cdots + b_k q_k^{n-2}) \\ &\quad + \cdots \\ &\quad + c_k (b_1 q_1^{n-k} + b_2 q_2^{n-k} + \cdots + b_k q_k^{n-k}) \\ &= b_1 q_1^{n-k} (c_1 q_1^{k-1} + c_2 q_1^{k-2} + \cdots + c_k) \\ &\quad + b_2 q_2^{n-k} (c_1 q_2^{k-1} + c_2 q_2^{k-2} + \cdots + c_k) \\ &\quad + \cdots \\ &\quad + b_k q_k^{n-k} (c_1 q_k^{k-1} + c_2 q_k^{k-2} + \cdots + c_k). \end{aligned}$$

对任意 $i \in \{1, 2, \cdots, k\}$, 由于 q_i 是特征根, 所以 $c_1 q_i^{k-1} + c_2 q_i^{k-2} + \cdots + c_k = q_i^k$. 故上式等于

$$b_1 q_1^n + b_2 q_2^n + \cdots + b_k q_k^n = f(n).$$

说明 (37) 式是递推关系 (36) 的通解.

将初始条件代入通解 (37), 则得到关于 $b_1, b_2, \cdots, b_k$ 的方程组 (38). 注意到 (38) 式的系数矩阵是一个范德蒙德 (Vandermonde) 矩阵

$$\begin{pmatrix} 1 & 1 & \cdots & 1 \\ q_1 & q_2 & \cdots & q_k \\ \vdots & \vdots & & \vdots \\ q_1^{k-1} & q_2^{k-1} & \cdots & q_k^{k-1} \end{pmatrix}. \tag{39}$$

注意 $q_1, q_2, \cdots, q_k$ 互不相同且均不为 0 (因为 $c_k \neq 0$), 故 (38) 式有唯一解. 由此确定的 $b_1, b_2, \cdots, b_k$ 满足初始条件. 另一方面, 当初始条件给定时, 由 (36) 式确定的 $f(n)$ 显然是唯一的. 这说明, 除上述得到的解, $f(n)$ 不会再有其他解. $\square$

例 4.4 求斐波那契数 F_n.

解 斐波那契数列 $F_1, F_2, \cdots, F_n, \cdots$ 满足递推关系 (35), 即

$$\begin{cases} F_n = F_{n-1} + F_{n-2}, \\ F_1 = F_2 = 1. \end{cases}$$

先求这个递推关系的通解. 它的特征方程为

$$x^2 - x - 1 = 0.$$

解此方程得两个互异的特征根

$$x_1 = \frac{1 + \sqrt{5}}{2}, \quad x_2 = \frac{1 - \sqrt{5}}{2}.$$

故由定理 4.1, F_n 的通解为

$$F_n = b_1 \left(\frac{1 + \sqrt{5}}{2} \right)^n + b_2 \left(\frac{1 - \sqrt{5}}{2} \right)^n.$$

代入初始条件 $F_1 = F_2 = 1$ 得关于 b_1 和 b_2 的方程组

$$\begin{cases} b_1 \left(\dfrac{1 + \sqrt{5}}{2} \right) + b_2 \left(\dfrac{1 - \sqrt{5}}{2} \right) = 1, \\ b_1 \left(\dfrac{1 + \sqrt{5}}{2} \right)^2 + b_2 \left(\dfrac{1 - \sqrt{5}}{2} \right)^2 = 1. \end{cases}$$

解此方程组, 得 $b_1 = 1/\sqrt{5}, b_2 = -1/\sqrt{5}$. 故递推关系满足初始条件的解为

$$F_n = \frac{1}{\sqrt{5}} \left(\frac{1 + \sqrt{5}}{2} \right)^n - \frac{1}{\sqrt{5}} \left(\frac{1 - \sqrt{5}}{2} \right)^n.$$

例 4.5 求解递推关系

$$\begin{cases} f(n) = f(n - 3), \\ f(0) = a, \quad f(1) = b, \quad f(2) = c. \end{cases}$$

解 此递推关系的特征方程为

$$x^3 - 1 = 0.$$

它有三个单特征根 w_0, w_1, w_2, 其中 $w_t = \cos(2\pi t/3) + \mathrm{i} \sin(2\pi t/3)$ $(0 \leqslant t \leqslant 2,\ \mathrm{i}$ 为虚数单位$)$. 所以通解为 $f(n) = b_1 w_0^n + b_2 w_1^n + b_3 w_2^n$. 代入初始值, 得到方程组

$$\begin{cases} b_1 w_0^0 + b_2 w_1^0 + b_3 w_2^0 = a, \\ b_1 w_0^1 + b_2 w_1^1 + b_3 w_2^1 = b, \\ b_1 w_0^2 + b_2 w_1^2 + b_3 w_2^2 = c. \end{cases}$$

其系数矩阵为

$$A = \begin{pmatrix} w_0^0 & w_1^0 & w_2^0 \\ w_0^1 & w_1^1 & w_2^1 \\ w_0^2 & w_1^2 & w_2^2 \end{pmatrix}. \tag{40}$$

用 A^{H} 表示 A 的共轭转置矩阵, 易证 $A^{\mathrm{H}} \times A = 3E$. 故 $A^{-1} = A^{\mathrm{H}}/3$. 从而方程组的解为

$$
\begin{pmatrix} b_1 \\ b_2 \\ b_3 \end{pmatrix} = \frac{1}{3} \begin{pmatrix} w_0^{-0} & w_0^{-1} & w_0^{-2} \\ w_1^{-0} & w_1^{-1} & w_1^{-2} \\ w_2^{-0} & w_2^{-1} & w_2^{-2} \end{pmatrix} \begin{pmatrix} a \\ b \\ c \end{pmatrix}. \tag{41}
$$

故递推关系的解为

$$
f(n) = \frac{1}{3}(w_0^n,\ w_1^n,\ w_2^n) \begin{pmatrix} w_0^{-0} & w_0^{-1} & w_0^{-2} \\ w_1^{-0} & w_1^{-1} & w_1^{-2} \\ w_2^{-0} & w_2^{-1} & w_2^{-2} \end{pmatrix} \begin{pmatrix} a \\ b \\ c \end{pmatrix}
$$

$$
= \frac{1}{3}(w_0^n + w_1^n + w_2^n,\ w_0^{n-1} + w_1^{n-1} + w_2^{n-1},\ w_0^{n-2} + w_1^{n-2} + w_2^{n-2}) \begin{pmatrix} a \\ b \\ c \end{pmatrix}.
$$

下面考虑涉及两个计数问题的联立递推关系式的求解问题.

例 4.6 (例 1.8) 用递推关系求含有偶数个 0 的 n 码二元序列的个数.

解 设 $f(n)$ 和 $g(n)$ 分别为含有偶数个 0 和奇数个 0 的 n 码二元序列的个数. 则由例 1.8 的讨论易得 $f(n) = f(n-1) + g(n-1)$ 且 $g(n) = f(n-1) + g(n-1)$. 故 $f(n) = g(n)$, 因而 $f(n) = 2f(n-1)$. 注意 $f(1) = 1$, 解此递推关系得 $f(n) = 2^{n-1}$.

定理 4.2 (重特征根情形) 设 $q_1, q_2, \cdots, q_t$ 是递推关系 (36) 的所有不同的特征根, 其重数分别为 $e_1, e_2, \cdots, e_t$. 则递推关系 (36) 的通解为

$$
f(n) = f_1(n) + f_2(n) + \cdots + f_t(n),
$$

其中

$$
f_i(n) = (b_{i1} + b_{i2}n + \cdots + b_{ie_i}n^{e_i-1})q_i^n, \quad 1 \leqslant i \leqslant t.
$$

证明 留作习题. □

例 4.7 求解递推关系

$$\begin{cases} f(n) = -f(n-1) + 3f(n-2) + 5f(n-3) + 2f(n-4), \\ f(0) = 1, \quad f(1) = 0, \quad f(2) = 1, \quad f(3) = 2. \end{cases}$$

解 该递推关系的特征方程为

$$x^4 + x^3 - 3x^2 - 5x - 2 = 0.$$

其特征根为

$$x_1 = -1, \quad \text{重数 } e_1 = 3; \quad x_2 = 2, \quad \text{重数 } e_2 = 1.$$

由定理 4.2, 该递推关系的通解为

$$f(n) = (b_{11} + b_{12}n + b_{13}n^2)(-1)^n + b_2 2^n.$$

代入初始值, 得到方程组

$$\begin{cases} b_{11} + b_2 = 1, \\ -b_{11} - b_{12} - b_{13} + 2b_2 = 0, \\ b_{11} + 2b_{12} + 4b_{13} + 4b_2 = 1, \\ -b_{11} - 3b_{12} - 9b_{13} + 8b_2 = 2. \end{cases}$$

解此方程组, 得 $b_{11} = 7/9, b_{12} = -1/3, b_{13} = 0, b_2 = 2/9$. 所以, 递推关系的解为

$$f(n) = (-1)^n \left(\frac{7}{9} - \frac{1}{3}n \right) + \frac{2}{9} \times 2^n.$$

4.3 常系数线性非齐次递推关系

常系数线性非齐次递推关系的一般形式为

$$f(n) = c_1 f(n-1) + \cdots + c_k f(n-k) + g(n), \tag{42}$$

其中 $g(n)$ 为 n 的函数.

为了寻求递推关系 (42) 的解, 我们运用线性代数解非齐次线性方程组通解和特解的思想. 在递推关系 (42) 中令 $g(n) = 0$, 则得到 $f(n)$ 的一个齐次递推关系, 称为 (42) 式的**齐次式**. 设 $f_0(n)$ 为 (42) 式的齐次式的通解, $f_1(n)$ 为 (42) 式的任意一个解. 则有

$$f_0(n) = c_1 f_0(n-1) + \cdots + c_k f_0(n-k);$$
$$f_1(n) = c_1 f_1(n-1) + \cdots + c_k f_1(n-k) + g(n).$$

故

$$f_0(n) + f_1(n) = (c_1 f_0(n-1) + \cdots + c_k f_0(n-k))$$
$$+ (c_1 f_1(n-1) + \cdots + c_k f_1(n-k) + g(n))$$
$$= c_1(f_0(n-1) + f_1(n-1)) + \cdots + c_k(f_0(n-k) + f_1(n-k)) + g(n).$$

这说明 $f_0(n) + f_1(n)$ 是递推关系 (42) 的通解. 由此得到下面的定理.

定理 4.3 (非齐次线性递推关系解的结构) 非齐次递推关系 (42) 的通解等于它的一个特解与它的齐次式的通解之和.

由定理 4.3, 寻求 $f_1(n)$ 是求解递推关系 (42) 的关键, 称为 (42) 式的**特解**. 寻求特解没有普遍的方法, 需根据 $g(n)$ 的形式具体分析和尝试.

例 4.8 求解递推关系

$$\begin{cases} f(n) = 3f(n-1) - 4n, \\ f(0) = 2. \end{cases}$$

解 首先考虑递推关系的齐次式 $f(n) = 3f(n-1)$. 它的特征方程为 $x - 3 = 0$, 故有唯一特征根 $q = 3$. 从而齐次式的通解为 $f_0(n) = b3^n$. 为了寻求非齐次递推关系 $f(n) = 3f(n-1) - 4n$ 的一个特解, 注意到它的 0 次项是 n 的一次多项式, 我们尝试特解的形式为 $f_1(n) = rn + s$. 代入到 $f(n) = 3f(n-1) - 4n$, 得

$$rn + s = 3(r(n-1) + s) - 4n.$$

比较关于 n 的同类项系数, 得

$$\begin{cases} r = 3r - 4, \\ s = -3r + 3s. \end{cases} \tag{43}$$

解得 $r = 2, s = 3$. 故由定理 4.3, 递推关系的通解为 $f(n) = b3^n + 2n + 3$. 由初始条件 $f(0) - 2$, 得 $b = -1$. 因此, 满足初始条件的解为 $f(n) - -3^n + 2n + 3$

注 若递推关系为

$$\begin{cases} f(n) = f(n-1) - 4n, \\ f(0) = 2. \end{cases} \tag{44}$$

则例 4.8 的特解形式不适用, 原因是关于 n 的同类项系数的方程组 (43) 无解. 我们将在下面的例 4.10 给出它的解法.

例 4.9 求解递推关系

$$\begin{cases} f(n) = 3f(n-1) - 5 \times 2^n, \\ f(0) = 1. \end{cases}$$

解 设递推关系的特解为 $f_1(n) = r2^n$. 代入到 $f(n) = 3f(n-1) - 5 \times 2^n$, 得

$$r2^n = 3 \times r2^{n-1} - 5 \times 2^n.$$

解得 $r = 10$. 由于齐次式的通解为 $b3^n$, 故递推关系的通解为

$$f(n) = b3^n + 10 \times 2^n.$$

由初值 $f(0) = 1$, 得

$$b + 10 = 1.$$

从而, $b = -9$. 故 $f(n) = -9 \times 3^n + 10 \times 2^n$.

当 $g(n)$ 是 n 的幂函数 cn^s 或指数函数 $c\beta^n$ 等形式时, 一般可设特解为表 4.1 的形式.

表 4.1

$g(n)$	特征多项式 $P(x)$	特解的一般形式
β^n	$P(\beta) \neq 0$	$a\beta^n$
	β 是 $P(x)=0$ 的 m 重根	$an^m\beta^n$
n^s	$P(1) \neq 0$	$b_s n^s + b_{s-1} n^{s-1} + \cdots + b_0$
	1 是 $P(x)=0$ 的 m 重根	$n^m(b_s n^s + b_{s-1} n^{s-1} + \cdots + b_0)$
$n^s \beta^n$	$P(\beta) \neq 0$	$(b_s n^s + b_{s-1} n^{s-1} + \cdots + b_0)\beta^n$
	β 是 $P(x)=0$ 的 m 重根	$n^m(b_s n^s + b_{s-1} n^{s-1} + \cdots + b_0)\beta^n$

思考题 证明表 4.1.

例 4.10 求递推关系 (44) 的解.

解 1 是特征方程 $x=1$ 的一重特征根. 故由表 4.1, 递推关系 (44) 的特解为 $f_1(n) = n(rn+s)$. 代入到 $f(n) = f(n-1) - 4n$, 得 $r = s = -2$. 故 $f(n)$ 的通解为 $f(n) = b \times 1^n - 2n(n+1)$. 由初始条件可得 $b = 2$.

例 4.11 求解递推关系

$$\begin{cases} f(n) = f(n-1) + n^2, \\ f(0) = 0. \end{cases}$$

解 由于 1 是齐次式的一重特征根, 故设特解 $f_1(n) = n(an^2 + bn + c)$. 代入递推关系 $f(n) = f(n-1) + n^2$, 得

$$n(an^2 + bn + c) = (n-1)(a(n-1)^2 + b(n-1) + c) + n^2,$$

比较关于 n 的同类项系数, 得

$$\begin{cases} b = b + 1 - 3a, \\ c = 3a - 2b + c, \\ 0 = -a + b - c. \end{cases}$$

解得, $a = 1/3, b = 1/2, c = 1/6$. 由于齐次式的通解为 $d \times 1^n$, 故递推关系的通解为

$$f(n) = n\left(\frac{1}{3}n^2 + \frac{1}{2}n + \frac{1}{6}\right) + d \times 1^n.$$

根据初始条件 $f(0) = 0$ 得 $d = 0$. 故满足初始条件的解为

$$f(n) = n\left(\frac{1}{3}n^2 + \frac{1}{2}n + \frac{1}{6}\right).$$

例 4.12 求解递推关系

$$\begin{cases} f(n) = 3f(n-1) - 2f(n-2) + 3n \times 2^n, \\ f(0) = 2, \quad f(1) = 3. \end{cases}$$

解 由于齐次式的特征方程 $x^2 - 3x + 2 = 0$ 有一个单特征根为 2, 故可设特解的形式为

$$f_1(n) = n(bn + c)2^n.$$

代入 $f(n) = 3f(n-1) - 2f(n-2) + 3n \times 2^n$, 移项整理并比较同类项系数得

$$\begin{cases} b = 3, \\ b + c = 0. \end{cases}$$

由此得特解 $f_1(n) = n(3n-3)2^n$. 由于齐次式的通解为 $b_1 2^n + b_2$, 故递推关系的通解为

$$f(n) = n(3n-3)2^n + b_1 2^n + b_2.$$

再由初始条件 $f(0) = 0, f(1) = 1$, 得 $b_1 = b_2 = 1$. 于是

$$f(n) = (n(3n-3)+1)2^n + 1.$$

例 4.13 求汉诺塔问题的解.

解 汉诺塔问题的递推关系为

$$\begin{cases} f(n) = 2f(n-1) + 1, \\ f(1) = 1. \end{cases}$$

可将 0 次项 1 视为 β^n, 其中 $\beta = 1$. 由于 1 不是齐次递推关系的特征根, 故设特解 $f_1(n) = r \times 1^n$. 代入递推关系 $f(n) = 2f(n-1) + 1$, 得 $r = -1$. 由于它的齐次式的通解为 $b2^n$, 故汉诺塔问题的通解为

$$f(n) = b2^n - 1.$$

根据初始条件 $f(1) = 1$, 得 $b = 1$. 故

$$f(n) = 2^n - 1.$$

例 4.14　求解递推关系 (当 $n \geqslant 1$ 时 $f(n) \geqslant 0$)

$$\begin{cases} f^2(n) = 2f^2(n-1) + 1, \\ f(1) = 1. \end{cases}$$

解　该递推关系不是线性的, 但可通过令 $h(n) = f^2(n)$ 转化为线性递推关系 $h(n) = 2h(n-1) + 1$. 故由例 4.13 得 $h(n) = 2^n - 1$. 因此, $f(n) = \sqrt{2^n - 1}$.

4.4　母函数解递推关系

本节介绍运用母函数解递推关系, 其基本思想非常类似于我们在 2.1 节所介绍的万金油法: 对于 $f(n)$ 一个递推关系, 令

$$F(x) = f(0) + f(1)x + f(2)x^2 + \cdots + f(n)x^n + \cdots. \tag{45}$$

则 $F(x)$ 是序列 $f(0), f(1), f(2), \cdots, f(n), \cdots$ 的普母函数. 再运用递推关系解出 $F(x)$. 这一方法具有较好的通用性, 不仅能解常系数线性递推关系, 也可处理更一般的递推关系.

例 4.15　求解常系数线性齐次递推关系

$$\begin{cases} f(n) = 7f(n-1) - 12f(n-2), \\ f(0) = 2, \quad f(1) = 7. \end{cases}$$

解 令 $F(x) = \sum\limits_{n=0}^{+\infty} f(n)x^n$. 将递推式 $f(n) = 7f(n-1) - 12f(n-2)$ 两端乘 x^n 并对 n 从 2 到 $+\infty$ 求和, 得

$$F(x) - f(0) - f(1)x$$

$$= \sum_{n=2}^{+\infty} f(n)x^n = \sum_{n=2}^{+\infty} (7f(n-1) - 12f(n-2))x^n$$

$$= 7x \sum_{n=1}^{+\infty} f(n)x^n - 12x^2 \sum_{n=0}^{+\infty} f(n)x^n = 7x(F(x) - f(0)) - 12x^2 F(x).$$

代入初始条件 $f(0) = 2, f(1) = 7$ 并解出 $F(x)$, 得

$$F(x) = \frac{2 - 7x}{1 - 7x + 12x^2}.$$

进一步地,

$$\frac{2 - 7x}{1 - 7x + 12x^2} = \frac{1}{1 - 3x} + \frac{1}{1 - 4x} = \sum_{n=0}^{+\infty} (3^n + 4^n)x^n.$$

故 $f(n) = 3^n + 4^n$.

例 4.16 求解常系数线性非齐次递推关系

$$\begin{cases} f(n) = f(n-1) + 2(n-1), \\ f(0) = 2. \end{cases}$$

解 令 $F(x) = \sum\limits_{n=0}^{+\infty} f(n)x^n$. 则有

$$F(x) - f(0)$$

$$= xF(x) + 2\sum_{n=1}^{+\infty} (n-1)x^n = xF(x) + 2x^2 \sum_{n=2}^{+\infty} (n-1)x^{n-2}$$

$$= xF(x) + 2x^2 \sum_{n=1}^{+\infty} \frac{\mathrm{d}}{\mathrm{d}x}(x^{n-1}) = xF(x) + 2x^2 \frac{\mathrm{d}}{\mathrm{d}x}\left(\frac{1}{1-x}\right) = xF(x) + \frac{2x^2}{(1-x)^2}.$$

故

$$F(x) = \frac{2x^2}{(1-x)^3} + \frac{2}{1-x}.$$

易知 $1/(1-x)^3$ 中 x^{n-2} 的系数为 $n(n-1)/2$. 故 $f(n) = n(n-1) + 2$.

例 4.17 (例 2.3) 求序列 $0, 1^2, 2^2, \cdots, n^2, \cdots$ 的普母函数.

解 令 $f(n) = n^2$. 则 $f(n)$ 满足递推关系

$$f(n) = f(n-1) + 2n - 1.$$

令 $F(x) = \sum\limits_{n=0}^{+\infty} f(n)x^n$. 则有

$$F(x) - f(0) = xF(x) + \sum_{n=1}^{+\infty}(2n-1)x^n = xF(x) + 2x\sum_{n=1}^{+\infty}nx^{n-1} - \sum_{n=1}^{+\infty}x^n$$

$$= xF(x) + 2x\sum_{n=1}^{+\infty}\frac{\mathrm{d}}{\mathrm{d}x}(x^n) - x\sum_{n=0}^{+\infty}x^n$$

$$= xF(x) + 2x\frac{\mathrm{d}}{\mathrm{d}x}\left(\frac{1}{1-x} - 1\right) - \frac{x}{1-x} = xF(x) + \frac{2x}{(1-x)^2} - \frac{x}{1-x}.$$

由于 $f(0) = 0$, 故

$$F(x) = \frac{2x}{(1-x)^3} - \frac{x}{(1-x)^2} = \frac{x(1+x)}{(1-x)^3}.$$

例 4.18 运用母函数解一般的常系数线性齐次递推关系.

解 由母函数 (45),

$$F(x) - f(0) - f(1)x - f(2)x^2 - \cdots - f(k-1)x^{k-1} = \sum_{n=k}^{+\infty}f(n)x^n. \qquad (46)$$

另一方面, 由常系数线性齐次递推关系 (36),

$$\sum_{n=k}^{+\infty}f(n)x^n = \sum_{n=k}^{+\infty}\left(c_1f(n-1) + c_2f(n-2) + \cdots + c_kf(n-k)\right)x^n$$

$$= c_1 x \sum_{n=k-1}^{+\infty} f(n) x^n + c_2 x^2 \sum_{n=k-2}^{+\infty} f(n) x^n + \cdots + c_k x^k \sum_{n=0}^{+\infty} f(n) x^n$$

$$= c_1 x \left(F(x) - f(0) - f(1)x - \cdots - f(k-2)x^{k-2} \right)$$

$$+ c_2 x^2 \left(F(x) - f(0) - f(1)x - \cdots - f(k-3)x^{k-3} \right)$$

$$+ \cdots + c_k x^k F(x).$$

结合 (46) 式, 整理得

$$F(x)(1 - c_1 x - c_2 x^2 - \cdots - c_k x^k)$$
$$= f(0) + (f(1) - c_1 f(0))x + (f(2) - c_1 f(1) - c_2 f(0))x^2$$
$$+ \cdots + (f(k-1) - c_1 f(k-2) - \cdots - c_{k-1} f(0))x^{k-1}.$$

由此, $F(x)$ 可写为

$$F(x) = \frac{P(x)}{Q(x)},$$

其中

$$P(x) = f(0) + (f(1) - c_1 f(0))x + (f(2) - c_1 f(1) - c_2 f(0))x^2$$
$$+ \cdots + (f(k-1) - c_1 f(k-2) - \cdots - c_{k-1} f(0))x^{k-1},$$
$$Q(x) = 1 - c_1 x - c_2 x^2 - \cdots - c_k x^k.$$

因此, $F(x)$ 由初始条件 $f(0), f(1), \cdots, f(k-1)$ 唯一确定. 注意 $c_k \neq 0$, 故 $P(x)$ 的次数小于 $Q(x)$ 的次数. 设 $Q(x)$ 的分解式如下:

$$Q(x) = (1 - q_1 x)^{e_1} (1 - q_2 x)^{e_2} \cdots (1 - q_t x)^{e_t}.$$

则 $F(x)$ 可写为如下简单分式之和:

$$F(x) = \frac{b_{11}}{1 - q_1 x} + \frac{b_{12}}{(1 - q_1 x)^2} + \cdots + \frac{b_{1e_1}}{(1 - q_1 x)^{e_1}}$$
$$+ \frac{b_{21}}{1 - q_2 x} + \frac{b_{22}}{(1 - q_2 x)^2} + \cdots + \frac{b_{2e_2}}{(1 - q_2 x)^{e_2}}$$
$$+ \cdots$$

$$+ \frac{b_{t1}}{1-q_t x} + \frac{b_{t2}}{(1-q_t x)^2} + \cdots + \frac{b_{te_t}}{(1-q_t x)^{e_t}}$$

$$= \sum_{i=1}^{t} \sum_{j=1}^{e_i} \frac{b_{ij}}{(1-q_i x)^j}.$$

因此, $F(x)$ 的幂级数展开式中 x^n 的系数为

$$f(n) = \sum_{i=1}^{t} \sum_{j=1}^{e_i} b_{ij} \mathrm{C}_{j+n-1}^{n} q_i^n.$$

特别地, 当 $e_1 = e_2 = \cdots = e_t = 1$ 时 (此时必有 $t = k$),

$$f(n) = b_{11} q_1^n + b_{21} q_2^n + \cdots + b_{k1} q_k^n.$$

此即递推关系的特征方程无重根的情况 (定理 4.1).

上面的讨论是运用普母函数解递推关系. 也可运用指母函数解递推关系.

例 4.19 (错排问题) 运用递推关系和母函数求 D_n 的解析表达式.

解 设 D_n 的指母函数为

$$D(x) = D_0 + D_1 \frac{x}{1!} + D_2 \frac{x^2}{2!} + \cdots + D_n \frac{x^n}{n!} + \cdots,$$

其中 $D_0 = D_1 = 0, D_2 = 1$. 在 4.1 节我们已经得到错排数 D_n 满足递推关系 $D_n = (n-1)(D_{n-1} + D_{n-2})$. 由此可得

$$D_n - nD_{n-1} = -(D_{n-1} - (n-1)D_{n-2}) = (-1)^2 (D_{n-2} - (n-2)D_{n-3})$$

$$= \cdots = (-1)^{n-2} (D_2 - 2D_1) = (-1)^n.$$

故 $D_n = nD_{n-1} + (-1)^n$. 将此式两端乘以 $x^n/n!$ 并对 n 从 2 到 $+\infty$ 求和 (注意 $D_0 = D_1 = 0$), 得

$$D(x) = xD(x) + \left(\frac{(-x)^2}{2!} + \frac{(-x)^3}{3!} + \cdots + \frac{(-x)^n}{n!} + \cdots \right).$$

故

$$D(x) = \left(\frac{(-x)^2}{2!} + \frac{(-x)^3}{3!} + \cdots + \frac{(-x)^n}{n!} + \cdots \right) \frac{1}{1-x}$$

$$= \left(\frac{(-x)^2}{2!} + \frac{(-x)^3}{3!} + \cdots + \frac{(-x)^n}{n!} + \cdots \right) (1 + x + x^2 + \cdots)$$

$$= \sum_{n=2}^{+\infty} \left(\frac{1}{2!} - \frac{1}{3!} + \cdots + (-1)^n \frac{1}{n!} \right) x^n$$

$$= \sum_{n=2}^{+\infty} n! \left(1 - \frac{1}{1!} + \frac{1}{2!} - \frac{1}{3!} + \cdots + (-1)^n \frac{1}{n!} \right) \frac{x^n}{n!}.$$

因此

$$D_n = n! \left(1 - \frac{1}{1!} + \frac{1}{2!} - \frac{1}{3!} + \cdots + (-1)^n \frac{1}{n!} \right), \quad n \geqslant 1.$$

与例 4.6 类似, 用母函数也可处理多个计数问题的联立递推关系式.

例 4.20* 求 1 和 2 均出现偶数次的 n 码四元序列的个数.

解 本题可直接运用排列指母函数求解, 下面运用递推式通过普母函数求解. 设

b_n: 具有偶数个 1 且偶数个 2 的 n 码四元序列的个数.

c_n: 具有偶数个 1 且奇数个 2 的 n 码四元序列的个数.

d_n: 具有奇数个 1 且偶数个 2 的 n 码四元序列的个数.

则有下述递推关系式:

$b_n = 2b_{n-1} + c_{n-1} + d_{n-1}$;

$c_n = b_{n-1} + 2c_{n-1} + 4^{n-1} - b_{n-1} - c_{n-1} - d_{n-1} = c_{n-1} - d_{n-1} + 4^{n-1}$;

$d_n = b_{n-1} + 2d_{n-1} + 4^{n-1} - b_{n-1} - c_{n-1} - d_{n-1} = -c_{n-1} + d_{n-1} + 4^{n-1}$.

由于 $n = 0$ 时无实际意义, 为方便计算, 取初始条件 $b_0 = 3/4, c_0 = 1/4, d_0 = 1/4$ 使上述三个递推关系对 $n \geqslant 1$ 成立. 则由上式得以下联立递推式:

$$\sum_{n=1}^{+\infty} b_n x^n = 2 \sum_{n=1}^{+\infty} b_{n-1} x^n + \sum_{n=1}^{+\infty} c_{n-1} x^n + \sum_{n=1}^{+\infty} d_{n-1} x^n;$$

$$\sum_{n=1}^{+\infty} c_n x^n = \sum_{n=1}^{+\infty} c_{n-1} x^n - \sum_{n=1}^{+\infty} d_{n-1} x^n + \sum_{n=1}^{+\infty} 4^{n-1} x^n;$$

$$\sum_{n=1}^{+\infty} d_n x^n = -\sum_{n=1}^{+\infty} c_{n-1} x^n + \sum_{n=1}^{+\infty} d_{n-1} x^n + \sum_{n=1}^{+\infty} 4^{n-1} x^n.$$

令 $B(x) = \sum\limits_{n=0}^{+\infty} b_n x^n, C(x) = \sum\limits_{n=0}^{+\infty} c_n x^n, D(x) = \sum\limits_{n=0}^{+\infty} d_n x^n.$ 则由上式及初始条件得

$$B(x) - \frac{3}{4} = 2xB(x) + xC(x) + xD(x);$$

$$C(x) - \frac{1}{4} = xC(x) - xD(x) + \frac{x}{1-4x};$$

$$D(x) - \frac{1}{4} = -xC(x) + xD(x) + \frac{x}{1-4x}.$$

解得

$$B(x) = \frac{1}{4(1-4x)} + \frac{1}{2(1-2x)}, \quad C(x) = D(x) = \frac{1}{4(1-4x)}.$$

故 $b_n = 4^{n-1} + 2^{n-1}, c_n = d_n = 4^{n-1}.$

本 章 小 结

本章讨论了常系数线性递推关系的解法, 是递推关系中特殊的一类. 母函数可对一些更一般的递推关系进行求解, 是处理递推关系最有效的方法之一. 本章所讨论的计数问题 $f(n)$ 仅涉及一个指标 n, 多指标的递推关系可参阅其他文献进一步了解.

习　题　4

4.1 求解下述递推关系.

(1)

$$\begin{cases} f(n) = 3f(n-1) - 2f(n-2), \\ f(0) = 1, \quad f(1) = 2. \end{cases}$$

(2)

$$\begin{cases} f(n) = -3f(n-1) + 4f(n-3), \\ f(0) = f(1) = 1, \quad f(2) = 2. \end{cases}$$

(3)
$$\begin{cases} f(n) = 2f(n-1) + 4^{n-1}, \\ f(0) = 1. \end{cases}$$

(4)
$$\begin{cases} f(n) = 2f(n-1) - f(n-2) + n^2, \\ f(0) = f(1) = 1. \end{cases}$$

(5)
$$\begin{cases} f^2(n) = 3f^2(n-1) - 2f^2(n-2) + 3^n, \\ f(0) = 1, \quad f(1) = 2, \quad \text{当 } n > 1 \text{ 时 } f(n) \geqslant 0. \end{cases}$$

4.2 用黑、白两种颜色染一个 $1 \times n$ 棋盘的格子, 使得黑色格子不相邻 (无公共边). 请建立染法数的递推关系, 并据此求出染法数.

4.3 上一个 n 级台阶, 规定每步只能上一级或三级, 有多少种上法?

4.4 运用递推关系求下述 $n \times n$ 行列式的值:

$$\begin{vmatrix} 2 & 1 & \cdots & 0 & 0 \\ 1 & 2 & \cdots & 0 & 0 \\ \vdots & \vdots & & \vdots & \vdots \\ 0 & 0 & \cdots & 2 & 1 \\ 0 & 0 & \cdots & 1 & 2 \end{vmatrix}.$$

4.5 用 k 种颜色染一个 $1 \times n$ 棋盘的格子, 使得相邻格子不同色. 请建立染法数的递推关系, 并据此求出染法数.

4.6 用 n 块 1×2 大小的砖去铺满一个 $2 \times n$ 的房间. 问有多少种铺法?

4.7 (习题 1.33, 习题 2.3) 用递推关系求含有偶数个 0 的 n 码三元序列的个数.

4.8 有一个固定在桌面上不能旋转的 n $(n \geqslant 3)$ 个珠子的手镯. 用 k 种颜色去染它的珠子, 使得相邻的珠子不同色. 请建立递推关系计算染法数.

4.9 平面上画有 n 个椭圆, 任意两个椭圆都恰好交于两点, 且无三个椭圆交于一点. 问: 这些椭圆把平面分成了多少个区域?

4.10 给定 n 对括号, 求括号配对的方法数. 例如, 一对括号有一种方法: (). 两对括号有两种方法: ()(), (()). 三对括号有五种方法: ((())), ()(()), ()()(), (())(), (()()).

4.11 证明 (34) 式也是斐波那契数的一个递推关系.

4.12 证明: 斐波那契数 F_n 能被 3 整除当且仅当 n 能被 4 整除. 问: F_n 什么时候能被 4 整除?

4.13 运用递推关系推导斐波那契数 F_n 的普母函数, 并据此计算 F_n.

4.14 求无相邻的 0 的 n 码三元序列的数目.

4.15 建立序列

$$0,\ 1\times2\times3,\ 2\times3\times4,\ \cdots,\ n\times(n+1)\times(n+2),\ \cdots$$

的递推关系, 并据此求出它的普母函数.

4.16 证明定理 4.2.

4.17 设 S 是 $\{1,2,\cdots,n\}$ 的一个子集. 若 S 中的最小数等于它的元素个数, 即 $|S| = \min\{s : s\in S\}$, 则称 S 是非凡的. 如 $\{3,6,8\}$ 就是一个非凡子集. 求非凡子集个数的递推关系.

4.18* 用 1×2 大小的砖去铺满一个 $3\times n$ (n 为偶数) 的房间. 问有多少种铺法?

提示 同时考虑 $3\times n$ 房间和另一种特殊形状的房间的铺砖问题, 建立两种铺砖问题方法数的联立递推关系式 (参考例 4.6).

4.19* 设 h_n 为一个 $n+2$ ($n\geqslant1$) 条边的凸多边形被它的对角线所分成的区域的数目. 证明: 若无三条对角线共点, 则 h_n 满足递推关系 $h_n = h_{n-1} + \mathrm{C}_{n+1}^3 + n$, 其中 h_0 定义为 0. 并由此解出 h_n.

提示 运用例 1.3 的结论.

4.20* 证明斐波那契数 F_n 满足

$$F_n = \mathrm{C}_{n-1}^0 + \mathrm{C}_{n-2}^1 + \mathrm{C}_{n-3}^2 + \mathrm{C}_{n-4}^3 + \cdots.$$

4.21* 用黑、白两种颜色染一个 $2\times n$ 棋盘的格子, 使得黑色格子不相邻, 有多少种染法?

4.22 伯努利 (Bernoulli) 数列 $b_0,b_1,b_2,\cdots$ 定义为满足递推关系

$$b_n + \frac{1}{2}\mathrm{C}_n^1 b_{n-1} + \frac{1}{3}\mathrm{C}_n^2 b_{n-2} + \cdots + \frac{1}{n+1}\mathrm{C}_n^n b_0 = 0 \quad (n\geqslant1)$$

及初始条件 $b_0 = 1$ 的数列.

(1) 计算 b_1,b_2,b_3,b_4,b_5;

(2)* 证明 $b_0,b_1,b_2,\cdots$ 的指母函数是 $x/(\mathrm{e}^x-1)$.

提示 运用指数母函数.

4.23* 在一个由 $0,1$ 组成的 n 码二元序列中从左到右扫描 010 字符段, 当扫描到第 k 个码时第一次出现 010, 则称 k 为一个**出现处**, 然后从第 $k+1$ 个码开始扫描下一个出现处. 例如 110101010101 的出现处为 5 和 9 (而不是 7 和 11). 求 n 是一个出现处的 n 码二元序列数目的普母函数.

4.24* 设 a_n 为整数边长且周长为 n 的非全等三角形的数目.

(1) 证明

$$a_n = \begin{cases} a_{n-3}, & n \text{ 是偶数}, \\ a_{n-3} + (n + (-1)^{(n+1)/2})/4, & n \text{ 是奇数}. \end{cases}$$

(2) 求序列 $a_0, a_1, a_2, \cdots$ 的普母函数.

小课题　OEIS 网站查询系统应用.

OEIS 网站 https://oeis.org/ 是一个可查询各种组合数 (整数数列) 的在线专业网站, 详见附录的介绍. 请在该网站上查询斐波那契数列中的素数的有关结果, 并整理出一个小综述.

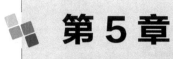

第 5 章
波利亚计数理论及应用

波利亚计数理论是基于对称性研究满足一定条件的结构的计数问题而发展起来的一套理论, 也称**雷德菲尔德-波利亚** (Redfield-Pólya) 计数理论. 其基本思想是运用代数学中群的理论对结构进行分类. 该理论最初是在分析化学中为计算同分异构体的数目而建立, 现已成为组合计数理论的重要组成部分, 具有广泛的应用.

5.1 变 换 群

本节将学习波利亚计数理论所必备的代数学中变换群的基本知识. 若已学过相关内容, 可跳过本节.

群的定义 设 G 是一个非空集合. 如果 G 对于一个称作**乘法**的二元运算 $\circ$ 满足下面四条, 则称 G 是一个群 (group), 记为 $\langle G, \circ \rangle$ 或简记为 G.

(1) 封闭性: 对任意 $a, b \in G$, 均有 $a \circ b \in G$.

(2) 结合律: 对任意 $a, b, c \in G$, 均有 $a \circ (b \circ c) = (a \circ b) \circ c$.

(3) 单位元: 存在 $e \in G$, 使得对于任意 $a \in G$, 均有 $e \circ a = a \circ e = a$, e 称为单位元.

(4) 逆元: 对任意 $a \in G$, 均存在 $b \in G$, 使得 $a \circ b = b \circ a = e$, b 称为 a 的逆元, 记为 a^{-1}.

例 5.1 设 $\mathbb{Z}$ 为全体整数的集合, $\mathbb{Z}_n = \{[0], [1], [2], \cdots, [n-1]\}$ 为模 n 的剩余类集合, 问: $\langle \mathbb{Z}, \times \rangle$, $\langle \mathbb{Z}, + \rangle$, $\langle \mathbb{Z}_n, + \rangle$ 哪些是群?

答 $\langle \mathbb{Z}, \times \rangle$ 不是群: 它的单位元是整数 1, 但整数 0 无逆元.

$\langle \mathbb{Z}, + \rangle$ 是群: 因为整数加整数还是整数, 加法满足结合律, 有单位元 0, 任意整数都有逆元 (它的相反数).

$\langle \mathbb{Z}_n, + \rangle$ 是群: 称为模 n 的剩余类加群.

置换 集合 $\{1, 2, 3, \cdots, n\}$ 到自己的一一映射 π 称为 $\{1, 2, 3, \cdots, n\}$ 上的置换, 记为

$$\begin{pmatrix} 1 & 2 & 3 & \cdots & n \\ \pi(1) & \pi(2) & \pi(3) & \cdots & \pi(n) \end{pmatrix}.$$

易见 $\{1, 2, 3, \cdots, n\}$ 上的置换共有 $n!$ 个. 特别地, 若对任意 $i \in \{1, 2, 3, \cdots, n\}$, 均有 $\pi(i) = i$, 则称 π 为**恒等置换**.

置换的乘法 设 π 和 π' 是 $\{1, 2, 3, \cdots, n\}$ 上的两个置换. 定义它们的乘法 $\circ$ 为它们所对应的一一映射的复合, 即

$$\begin{pmatrix} 1 & 2 & 3 & \cdots & n \\ \pi'(1) & \pi'(2) & \pi'(3) & \cdots & \pi'(n) \end{pmatrix} \circ \begin{pmatrix} 1 & 2 & 3 & \cdots & n \\ \pi(1) & \pi(2) & \pi(3) & \cdots & \pi(n) \end{pmatrix}$$

$$= \begin{pmatrix} 1 & 2 & 3 & \cdots & n \\ \pi'(\pi(1)) & \pi'(\pi(2)) & \pi'(\pi(3)) & \cdots & \pi'(\pi(n)) \end{pmatrix}.$$

例如

$$\begin{pmatrix} 1 & 2 & 3 & 4 & 5 & 6 \\ 1 & 4 & 6 & 3 & 5 & 2 \end{pmatrix} \circ \begin{pmatrix} 1 & 2 & 3 & 4 & 5 & 6 \\ 3 & 1 & 2 & 4 & 6 & 5 \end{pmatrix} = \begin{pmatrix} 1 & 2 & 3 & 4 & 5 & 6 \\ 6 & 1 & 4 & 3 & 2 & 5 \end{pmatrix}. \tag{47}$$

由于置换是一个一一映射, 不难证明它可以化为若干个互不相交的循环结构. 例如, 在 (47) 式右端的置换中, 1 被映射成 6, 6 被映射成 5, 5 被映射成 2, 2 被映回到 1. 这样的结构称为该置换的一个**循环**, 并记为 (1652). 类似地, 该置换中还有一个循环是 (34). 由此, 我们通常也把这个置换简记为 $(1652)(34)$. 例如, (47) 式左端的第二个置换可简记为 $(132)(56)(4)$ 或, 更简单地, 记为 $(132)(56)$. 特别地, 恒等置换简记为 (1). 此外, 乘法符号 $\circ$ 也通常省略不写.

n-次对称群 集合 $\{1, 2, 3, \cdots, n\}$ 上的**所有置换**在乘法 $\circ$ 下构成群, 称为 n-次对称群, 记为 S_n. 易见 S_n 的单位元是恒等置换

$$\begin{pmatrix} 1 & 2 & 3 & 4 & 5 & 6 \\ 1 & 2 & 3 & 4 & 5 & 6 \end{pmatrix} = (1).$$

而每一个置换的逆元是该置换所对应的一一映射的逆映射. 如

$$\begin{pmatrix} 1 & 2 & 3 & 4 & 5 & 6 \\ 3 & 1 & 2 & 4 & 6 & 5 \end{pmatrix} = (132)(56)$$

的逆元为

$$\begin{pmatrix} 1 & 2 & 3 & 4 & 5 & 6 \\ 2 & 3 & 1 & 4 & 6 & 5 \end{pmatrix} = (123)(56).$$

变换群 集合 $\{1, 2, 3, \cdots, n\}$ 上的部分置换在乘法。下也可能构成群, 称为 $\{1, 2, 3, \cdots, n\}$ 上的变换群.

例如 $\{(1), (12)\}$ 和 $\{(1), (123), (132)\}$ 都是 $\{1, 2, 3\}$ 上的变换群.

5.2 伯恩赛德引理

伯恩赛德引理 (Burnside lemma) 是波利亚计数理论的基础, 它给出了一个集合在一个变换群的作用下等价类数目的一个计算公式.

例 5.2 用黑、白两种颜色给一个 2×2 棋盘的格子染色, 有多少种不同的方法?

解 若棋盘是固定的, 则共有 16 种染色的方法, 如图 5.1.

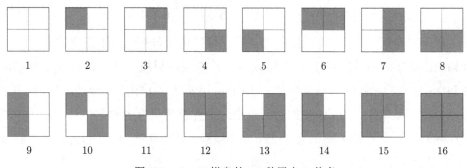

图 5.1 2×2 棋盘的 16 种黑白 2-染色

若棋盘在桌面上可以旋转, 直接观察可看出 3 号染色方式可通过 2 号顺时针旋转 $90°$ 得到, 因而它们本质上是相同的. 从这个意义上可看出本质上不同的染色方式只有 6 种, 如标号为 $1, 2, 6, 10, 12, 16$ 的方式. 换一句话说, 若把可以通过平面旋转而互相得到的染色方式看成一类, 则共有 6 类: $\{1\}, \{2, 3, 4, 5\}, \{6, 7, 8, 9\}, \{10, 11\}, \{12, 13, 14, 15\}, \{16\}$.

思考题 若棋盘是透明的且可以翻过来用, 又有多少种本质上不同的染色方法?

在例 5.2 中, 注意到以下两点.

(1) 棋盘的平面旋转共有四个, 即: $\pi_0, \pi_{90}, \pi_{180}, \pi_{270}$, 其中 π_i 表示顺时针旋转 $i°$. 易验证它们构成一个群, 其中 π_0 是单位元. 进一步地, 每一个旋转诱导出 16 个染色方式的一个置换, 即

$$\pi_0 = (1),$$
$$\pi_{90} = (2345)(6789)(10,11)(12,13,14,15),$$
$$\pi_{180} = (24)(35)(68)(79)(12,14)(13,15),$$
$$\pi_{270} = (5432)(9876)(11,10)(15,14,13,12).$$

易验证, $\pi_0, \pi_{90}, \pi_{180}, \pi_{270}$ 是 16 个染色方式上的一个变换群.

(2) 属于同一类的任意两个染色方式 i, j 都可找到一个置换 π_k 使得 $\pi_k(i) = j$. 例如 2 和 4 属同一类, 而 $\pi_{180}(2) = 4$.

置换与等价类 设 G 是有限集合 S 上的一个变换群. 定义 S 中元素之间的二元关系 $\sim$ 如下: 对任意 $i, j \in S, i \sim j$ 当且仅当存在 $\pi \in G$ 使得 $\pi(i) = j$. 易见, $\sim$ 满足自反性、对称性和传递性, 因而是 S 上的一个等价关系. 由它所确定的 S 的划分类称为 S 在 G (作用) 下的等价类.

根据置换和等价的定义, 例 5.2 中的六个类就是 16 个染色方式在平面旋转变换群 $\{\pi_0, \pi_{90}, \pi_{180}, \pi_{270}\}$ 作用下的等价类. 下面给出这样的等价类数目的计算公式.

伯恩赛德引理 设 G 是有限集合 S 上的一个变换群. 则 S 在 G 下等价类的数目为

$$\frac{1}{|G|} \sum_{\pi \in G} \phi(\pi),$$

其中 $\phi(\pi)$ 是 S 中在 π 作用下**不变元**的个数, 即

$$\phi(\pi) = |\{s : \pi(s) = s, s \in S\}|.$$

证明 对任一 $s \in S$, 记 $\eta(s)$ 为使 s 不变的置换的个数. 则显然有

$$\sum_{\pi \in G} \phi(\pi) = \sum_{s \in S} \eta(s). \tag{48}$$

设 x, y 为 S 中同一个等价类中的两个元素. 我们断言: 恰有 $\eta(x)$ 个置换映 x 为 y.

因为 x, y 在同一个等价类, 故由等价类的定义, 存在置换 π_y 使得 $\pi_y(x) = y$. 设 $\pi_1, \pi_2, \cdots, \pi_{\eta(x)}$ 是使得 x 不变的那 $\eta(x)$ 个置换. 则置换

$$\pi_y \pi_1, \pi_y \pi_2, \cdots, \pi_y \pi_{\eta(x)} \tag{49}$$

都是映 x 为 y 的.

首先, 我们证明 (49) 式中的置换是两两不同的. 事实上, 若 $\pi_y \pi_i = \pi_y \pi_j$, 则 $\pi_y^{-1} \pi_y \pi_i = \pi_y^{-1} \pi_y \pi_j$. 由此得 $\pi_i = \pi_j$, 矛盾. 其次, 我们证明除 (49) 中的置换外, G 再无其他置换映 x 为 y. 事实上, 若有 $\pi_{y'}$ 使得 $\pi_{y'}(x) = y$, 则 $\pi_y^{-1} \pi_{y'}$ 是一个将 x 映为 x 自身的置换, 即

$$\pi_y^{-1} \pi_{y'} \in \{\pi_1, \pi_2, \cdots, \pi_{\eta(x)}\}.$$

故 $\pi_y(\pi_y^{-1} \pi_{y'}) = (\pi_y \pi_y^{-1})\pi_{y'} = \pi_{y'}$ 是 (49) 中的一个置换. 因此, 我们的断言成立.

设 $T = \{s_1, s_2, \cdots, s_t\}$ 是 S 在 G 作用下的一个等价类. 则 G 中的置换可根据 T 分成 t 类: 映 s_1 到 s_1 的为第一类, 映 s_1 到 s_2 的为第二类, $\cdots$, 映 s_1 到 s_t 的为第 t 类. 显然 G 中的每一个置换都要属于一个类 (因为它总是要把 s_1 映到某一个元素). 其次, 这些类是不交的 (因为任何一个置换把 s_1 映到唯一的一个元素). 说明这些类是 G 的一个划分. 进一步地, 由上面的讨论, 每一个类的元素个数都等于 $\eta(s_1)$. 故有 $\eta(s_1) = |G|/t$. 同理,

$$\eta(s_1) = \eta(s_2) = \cdots = \eta(s_t) = \frac{|G|}{t}.$$

由此,

$$\eta(s_1) + \eta(s_2) + \cdots + \eta(s_t) = |G|.$$

上式显然对所有在 G 作用下 S 的等价类均成立. 对所有 S 的等价类求和, 得

$$\sum_{s \in S} \eta(s) = (S \text{ 等价类的个数}) \times |G|.$$

故由 (48),

$$S \text{ 等价类的个数} = \frac{1}{|G|}\sum_{s \in S}\eta(s) = \frac{1}{|G|}\sum_{\pi \in G}\phi(\pi). \qquad \square$$

现运用伯恩赛德引理来验证我们对棋盘染色问题所观察出来的结果. 设 16 种染色方式所成的集合为 S. 定义两个染色方式等价当且仅当它们可通过一个平面旋转而相互得到. 由前面的讨论, 平面旋转诱导的 S 上的变换群为 $G = \{\pi_0, \pi_{90}, \pi_{180}, \pi_{270}\}$. 故在平面旋转意义下本质上不同的染色方法数等于 S 在 G 作用下等价类的数目. 注意 π_0 是恒等置换, 故在它的作用下所有 16 个染色方式均不变, 即 $\phi(\pi_0) = 16$. 进一步地, 在 π_{90} 的作用下不变的染色方式有两个, 即 1 号和 16 号; 在 π_{180} 的作用下不变的有四个, 即 1 号, 10 号, 11 号和 16 号; 在 π_{270} 的作用下不变的有两个, 即 1 号和 16 号. 故由伯恩赛德引理, 等价类的数目为

$$\frac{1}{|G|}(\phi(\pi_0) + \phi(\pi_{90}) + \phi(\pi_{180}) + \phi(\pi_{270})) = \frac{1}{4}(16 + 2 + 4 + 2) = 6.$$

运用伯恩赛德引理, 我们现在也可以部分地回答在绪论中所提出的手镯染色问题了.

例 5.3 在空间中, 黑、白两色六个珠子的手镯本质上不同的有多少个?

解 设 S 为黑、白两色六个珠子的所有手镯的集合, 显然 $|S| = 2^6$. 在空间中, 两个手镯是本质相同的当且仅当它们可以通过平面旋转或空间翻转相互得到, 即在旋转和翻转下等价. 易验证所有平面旋转、空间翻转构成一个群.

若不考虑旋转 $0°$, 平面旋转的角度分别为 $60°$, $120°$, $180°$, $240°$, $300°$, 见图 5.2 (a). 而空间翻转的角度为 $180°$, 其翻转轴为对径两个珠子 (如 1 号和 4 号珠, 见图 5.2 (b)) 的连线, 或对边中点 (如 1 号和 2 号珠中点与 4 号和 5 号珠中点, 见图 5.2 (c)) 的连线, 各有三条.

直接观察可知一个手镯在平面旋转:

(1) $60°$ 作用下不变当且仅当它的所有珠子的颜色相同, 共计 2^1 个;

(2) $120°$ 作用下不变当且仅当 $1,3,5$ 号珠子和 $2,4,6$ 号珠子颜色分别相同, 共计 2^2 个;

(3) $180°$ 作用下不变当且仅当 $1,4$ 号珠子, $2,5$ 号珠子以及 $3,6$ 号珠子的颜色分别相同, 共计 2^3 个;

(4) 240° 作用下不变的情形与 (2) 相同;

(5) 300° 作用下不变的情形与 (1) 相同.

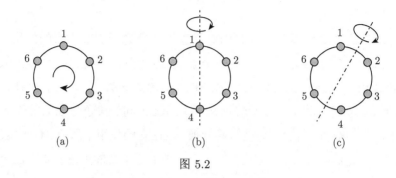

图 5.2

现考虑空间翻转 180°. 若翻转轴是两个对径珠子, 如 1 号和 4 号珠的连线, 则手镯在此翻转下不变当且仅当 1 号和 4 号珠颜色任意, 而 2 号和 6 号, 3 号和 5 号分别同色, 共计 2^4 个. 这样的翻转轴共有三个. 若翻转轴是对边中点, 如 1 号和 2 号珠中点与 4 号和 5 号珠中点的连线, 则手镯在此翻转下不变当且仅当 1 号和 2 号, 3 号和 6 号以及 4 号和 5 号分别同色, 共计 2^3 个. 这样的翻转轴也是三个.

最后, 在恒等置换下所有手镯均不变, 共计 $|S| = 2^6$. 故由伯恩赛德引理, 在平面旋转和空间翻转意义下本质上不同的手镯数为

$$\frac{1}{12}(2^6 + 2^1 + 2^2 + 2^3 + 2^2 + 2^1 + 3 \times 2^4 + 3 \times 2^3) = 13.$$

在例 5.3 中, 我们没有限制黑、白两色珠子各自的数目. 运用伯恩赛德引理也可计算有限制的情形.

例 5.4　考虑由三个黑色珠子和三个白色珠子构成的六个珠子的手镯.

(1) 在平面上共有多少个本质上不同的手镯?

(2) 在空间中共有多少个本质上不同的手镯?

解　设 S 为三个黑色珠子和三个白色珠子构成的所有六珠手镯的集合, 显然 $|S| = 6!/(3!3!)$ (等价于三个黑色珠子和三个白色珠子的类排列).

(1) 在平面上, 两个手镯本质上相同当且仅当它们可通过平面旋转相互得到. 在旋转 0° (即手镯固定不动) 的情况下, S 中的手镯均保持不变, 有 $6!/(3!3!)$ 个.

进一步地, 直接观察可知: 在平面旋转 120° 或 240° 的作用下各有两个不变的手镯, 即黑、白两色珠子相互间隔的手镯; 而在平面旋转 60°, 180° 以及 300° 的作用下均没有不变的手镯. 故由伯恩赛德引理, 本质不同的手镯个数为

$$\frac{1}{6}\left(\frac{6!}{3!3!}+2\times2\right)=4.$$

(2) 在空间中, 两个手镯本质上相同当且仅当它们可通过平面旋转或空间翻转相互得到. 平面旋转的情形与 (1) 完全相同. 现讨论空间翻转的情形.

若翻转轴是两个对径珠子, 如 1 号和 4 号珠的连线 (图 5.2 (b)), 则在此翻转下不变的手镯有四个: 126, 135, 426, 435, 这里 ijk 表示 i, j, k 三个位置是黑色珠子. 若翻转轴是对边中点, 如 1 号和 2 号珠中点与 4 号和 5 号珠中点的连线 (图 5.2 (c)), 易验证没有在此翻转下不变的手镯.

故由伯恩赛德引理, 本质不同的手镯个数为

$$\frac{1}{12}\left(\frac{6!}{3!3!}+2\times2+3\times4\right)=3.$$

上例的计算结果告诉我们黑色和白色各三个珠子的手镯数目在平面和空间中是不相等的. 这是因为在 1, 2, 4 号位置上是黑色珠子的手镯和 1, 6, 4 号位置上是黑色珠子的手镯在平面旋转下是不同的, 但在空间翻转下却是相同的.

例 5.5 (圆排列)　证明 n 个物圆排列的数目等于 $(n-1)!$.

证明　本题等价于 n 个珠子 n 种颜色且所有珠子颜色均不相同的手镯问题. 在手镯固定不动的情况下, 这样的手镯数目显然等于 n 个物的全排列, 即 $n!$. 而除了 0° 旋转, 在任意一个平面旋转 π 的作用下都没有不变的手镯, 即 $\phi(\pi)=0$. 注意平面旋转 (含 0° 旋转) 共有 n 个. 故由伯恩赛德引理, 所求排列数为

$$\frac{1}{n}(n!+0+\cdots+0)=(n-1)!. \qquad \Box$$

例 5.6　要用多少个单面四位号码簿就可以把所有四位号码全部展现出来, 其中 0, 1, 8 倒过来看还是 0, 1, 8; 而 6 倒过来看是 9 (反之亦然)?

解　依题意, 若两个号码簿可通过旋转 180° 互相得到, 则视它们为等价的.

四位号码簿共有 10^4 个, 记为集合 S. 由于是单面的, 号码簿只能直接展现或经平面旋转 $180°$ 展现. 在此意义下, S 上的变换群只有两个置换: 不旋转所导出的恒等置换 π_0 和旋转 $180°$ 所导出的置换 π_{180}. 显然, 若一个号码簿可由另一个旋转得到, 则它们在变换群 $\{\pi_0, \pi_{180}\}$ 作用之下属同一个等价类, 即在 π_{180} 作用下不变. 依题意, 每一个等价类选一个号码簿即可. 而每一个含 $2,3,4,5,7$ 的号码簿在 π_{180} 作用下不是一个有效号码, 故它所在的等价类只有它自己, 即在 π_{180} 作用下不变, 共计 $10^4 - 5^4$ 个. 另一类不变的是由 $0,1,6,8,9$ 组成的对称号码簿, 如 $0110, 1691, 8888$ 等. 此时我们注意到: 第一位和第四位是相互决定的, 第二位和第三位是相互决定的, 因此共有 5^2 个. 故由伯恩赛德引理, 等价类的个数为

$$\frac{1}{2}(10^4 + (10^4 - 5^4) + 5^2) = 9700.$$

思考题* 本题有以下两个常见的错误做法.

错误做法一: 将 $2,3,4,5,7$ 经平面旋转后视为它们自己. 由伯恩赛德引理, 等价类的个数为

$$\frac{1}{2}(10^4 + 10^2) = 5050.$$

错误做法二: 将 $2,3,4,5,7$ 经平面旋转后视为新的数, 则共计 15 个数. 由伯恩赛德引理, 等价类的个数为

$$\frac{1}{2}(15^4 + 15^2) = 25425.$$

请指出这两个错误的原因.

例 5.7*(例 1.19) 把三个大球、两个中球和一个小球装入三个不同的盒子, 同等大小的球无区别且每一个盒子装球数不限. 问有多少种装法?

解 将三个大球标号为 $1,2,3$; 两个中球标号为 $4,5$; 小球标号为 6; 三个盒子标号为 $1,2,3$. 令该装盒问题对应于从 $1,2,3$ 可重取 6 个的排列 $a_1a_2a_3a_4a_5a_6$, 使得标号为 i 的球装入第 j 个盒当且仅当 $a_i = j$, $i \in \{1,2,3,4,5,6\}$, $j \in \{1,2,3\}$. 令 G_1 为 $\{1,2,3\}$ 上的 3-次对称群; G_2 为 $\{4,5\}$ 上的 2-次对称群. 易验证 $G_1 \times G_2$, 即

$$\{(1), (12), (13), (23), (123), (132), (45), (12)(45),$$

$$(13)(45), (23)(45), (123)(45), (132)(45)\} \tag{50}$$

是 $\{1, 2, 3, 4, 5, 6\}$ 上的一个变换群. 对任意 $\pi \in G_1 \times G_2$ 及排列 $a_1 a_2 a_3 a_4 a_5 a_6$, 定义

$$\pi(a_1 a_2 a_3 a_4 a_5 a_6) = a_{\pi(1)} a_{\pi(2)} a_{\pi(3)} a_{\pi(4)} a_{\pi(5)} a_{\pi(6)}.$$

易见, 两个排列 A 和 B 对应于同一个装盒问题当且仅当存在 $\pi \in G_1 \times G_2$ 使得 $\pi(A) = B$. 例如, 当 $\pi = (12)(45)$ 及 $a_1 a_2 a_3 a_4 a_5 a_6 = 121322$ 时,

$$\pi(121322) = \pi(a_1 a_2 a_3 a_4 a_5 a_6) = a_{\pi(1)} a_{\pi(2)} a_{\pi(3)} a_{\pi(4)} a_{\pi(5)} a_{\pi(6)}$$

$$= a_2 a_1 a_3 a_5 a_4 a_6 = 211232.$$

显然 121322 和 211232 对应的是同一种装盒. 进一步地, 排列 $a_1 a_2 a_3 a_4 a_5 a_6$ 在 $(12)(45)$ 作用下不变当且仅当 $a_1 = a_2$ 且 $a_4 = a_5$, 这样的排列的数目显然等于 3^4. 类似地, 在 (12) 作用下不变的排列数为 3^5; 在 (123) 作用下不变的排列数为 3^4; 在 (45) 作用下不变的排列数为 3^5; 在 $(123)(45)$ 作用下不变的排列数为 3^3; 在恒等置换作用下不变的排列数为 3^6. 注意到形如 $(12)(45)$ 的置换共计 3 个, 即 $(12)(45), (13)(45), (23)(45)$. 类似地, 形如 $(12), (123), (45), (123)(45)$ 及恒等置换的数目分别为 $3, 2, 1, 2$ 及 1.

故由伯恩赛德引理, 所求装法数为

$$\frac{1}{3! \times 2!} \left(3^6 + 3 \times 3^5 + 2 \times 3^4 + 3^5 + 3 \times 3^4 + 2 \times 3^3 \right) = 180.$$

5.3 波利亚定理

在伯恩赛德引理的运用中, 关键的一个环节是计算每一个置换下不变元的个数. 波利亚计数理论不仅很好地解决了这一问题, 也为更一般的基于对称性的计数问题提供了一个有效的方法. 本节将给出波利亚计数理论的简化形式.

在例 5.2 棋盘问题中, 集合 S 中的元素是 2×2 棋盘四个格子染了黑、白两种颜色的所有染色模式. 容易看到, 一个平面旋转不仅诱导出了 S 上的一个置换, 也诱导出了棋盘中四个格子上的一个置换. 例如, 若将四个格子从左上角开始按顺时针方向分别编号为 $1, 2, 3, 4$, 则平面旋转 $90°$ 诱导出的棋盘格子的置换为 $\tau_{90} = (1234)$. 注意 (1234) 是一个循环, 它将棋盘的 1 号格子映为 2 号, 2 号映为

3 号, 3 号映为 4 号, 4 号映回到 1 号. 故 S 中一个染色模式 s 经 τ_{90} 作用后变为了这样的一个染色模式: 它的 2 号格子的颜色与 s 的 1 号格子相同, 3 号与 s 的 2 号相同, 4 号与 s 的 3 号相同, 1 号与 s 的 4 号相同. 显然两个不同的染色模式经 τ_{90} 作用后也变为两个不同的染色模式, 说明 τ_{90} 诱导出 S 上的一个置换. 例如, S 中的 2 号染色模式在 τ_{90} 诱导的置换作用下变为 3 号, 6 号变为 7 号, 而 1 号染色模式则保持不变, 见图 5.1. 不难验证, τ_{90} 诱导的 S 上的置换恰为 π_{90}. 事实上, 由于 τ_{90} 和 π_{90} 都是平面旋转 90° 诱导的, 这一结果是很自然的. 类似地, 平面旋转 180° 诱导的棋盘格子的置换为 $\tau_{180} = (13)(24)$. 易见, 经 τ_{180} 作用后, S 中的 2 号染色模式变为 4 号, 6 号变为 8 号, 而 1 号染色模式则保持不变. 一般地, 对任意 $i \in \{0, 90, 180, 270\}$, τ_i 诱导的 S 上的置换恰为 π_i.

设 T 为棋盘四个格子的集合, 即 $T = \{1, 2, 3, 4\}$. 设 $H = \{\tau_0, \tau_{90}, \tau_{180}, \tau_{270}\}$. 上面的讨论表明, S 中的两个染色模式在群 $G = \{\pi_0, \pi_{90}, \pi_{180}, \pi_{270}\}$ 的作用下等价当且仅当它们在 H 所诱导的群的作用下等价. 由于群 H 中的置换包含了棋盘格子的信息, 这对我们研究 S 中的不变元, 或更一般的棋盘染色问题是很有帮助的. 下面的讨论将围绕群 H 展开, 并将 S 中的元素视为染色模式. 首先我们引入染色模式的一般定义.

染色模式和等价　设 T 是一个有限集, H 是作用在 T 上的一个变换群. T 的一个 k-染色模式是指用 k 种颜色给 T 的每一个元素染一个颜色. 对任意两个染色模式 M_1 和 M_2, 若 H 中有一个置换 τ 使得 M_1 经 τ 作用后变为 M_2, 则称 M_1 和 M_2 在 H 作用下等价.

类似于前面对棋盘问题的讨论, 若一个染色模式 M_1 经 τ 作用后变为 M_2, 则 T 中任意元素 t 在 M_1 中的颜色与 $\tau(t)$ 在 M_2 中的颜色相同. 下面讨论在 H 作用下不变的染色模式. 为方便讨论, 我们称一个染色模式在 H 中的一个置换 τ 作用下不变是指该染色模式经 τ 作用后不变. 回到棋盘问题, 类似于例 5.3 求不变元的思想, 在 τ_{180} 作用下不变的棋盘染色模式可通过置换 τ_{180} 的结构 $(13)(24)$ 确定: 循环 (13) 意味着 1 号格子和 3 号格子的颜色必须相同才能保持染色模式不变, 故有黑、白两种选择; 同理, 循环 (24) 意味着 2 号格子和 4 号格子的颜色也必须相同, 同样有黑、白两种选择. 因此, 一个染色模式在 τ_{180} 下不变当且仅当 τ_{180} 的每一个循环中的格子均同色, 故共有 $2 \times 2 = 4$ 个, 即图 5.1 中标号为

$1, 10, 11, 16$ 的染色棋盘. 类似地, 置换 $\tau_{90} = (1234)$ 只有一个循环 (1234), 棋盘的一个染色模式在 τ_{90} 作用下不变当且仅当四个格子的颜色均相同, 即图 5.1 中标号为 1 和 16 的两个染色棋盘.

上面的分析对于一般的集合 T 和群 H 中的置换 τ 显然也是成立的, 即: T 的一个染色模式 M 在 τ 的作用下不变当且仅当 τ 的每一个循环中的元素均同色. 因此, 在 τ 的作用下不变的染色模式的数目等于 $k^{o(\tau)}$, 其中 $o(\tau)$ 为 τ 中循环的个数. 为区别于作用在集合 S 上的置换中的循环, 我们称 τ 中的循环为 **轨道** (orbit), 轨道中元素的个数称为该轨道的长. 下面我们引入一个关键概念.

循环指标 (cycle index) 设 T 是一个有限集, H 是 T 上的一个变换群. 对任意 $\tau \in H$, 定义 τ 的循环指标为

$$P_{\tau}(x_1, x_2, \cdots, x_i, \cdots) = x_1^{o(1)} x_2^{o(2)} \cdots x_l^{o(l)}, \tag{51}$$

其中 $o(i)$ 表示 τ 中长为 i 的轨道数目, l 为 τ 中最长轨道的长. 群 H 的循环指标定义为

$$P_H(x_1, x_2, \cdots, x_i, \cdots) = \frac{1}{|H|} \sum_{\tau \in H} P_{\tau}(x_1, x_2, \cdots, x_i, \cdots)$$
$$= \frac{1}{|H|} \sum_{\tau \in H} x_1^{o(1)} x_2^{o(2)} \cdots x_l^{o(l)}.$$

注 循环指标也称为 **循环指数** 或 **轮换示式**.

在棋盘问题中, $\tau_{180} = (13)(24)$ 是由两个长度均为 2 的轨道构成的置换, 因而 τ_{180} 的循环指标为 $P_{\tau_{180}}(x_1, x_2, \cdots, x_i, \cdots) = x_2^2$. 进一步地, H 的恒等置换 τ_0 的循环指标为 x_1^4, τ_{90} 和 τ_{270} 的循环指标均为 x_4. 由此, 棋盘问题变换群 H 的循环指标为

$$P_H(x_1, x_2, \cdots, x_i, \cdots) = \frac{1}{4}(x_1^4 + 2x_4 + x_2^2). \tag{52}$$

设 $\tau \in H$. 由前面的讨论知, 在 τ 的作用下不变的染色模式的数目等于 $k^{o(\tau)}$, 其中 $o(\tau)$ 为 τ 中轨道的个数. 另一方面, 注意到 $o(1) + o(2) + \cdots + o(l) = o(\tau)$. 因此, $k^{o(\tau)} = P_{\tau}(k, k, \cdots, k, \cdots)$. 故由伯恩赛德引理, 我们得到本章的主要定理.

波利亚定理 I 设 T 是一个有限集, H 是 T 上的一个变换群, S 是 T 的所

有 k-染色模式所成的集合. 则 S 在 H 作用下等价类的数目等于

$$P_H(k, k, \cdots, k, \cdots) = \frac{1}{|H|} \sum_{\tau \in H} P_\tau(k, k, \cdots, k, \cdots) = \frac{1}{|H|} \sum_{\tau \in H} k^{o(1)} k^{o(2)} \cdots k^{o(l)}. \tag{53}$$

由波利亚定理 I 和 (52) 式, 直接计算可得棋盘问题等价类的数目为

$$P_H(2, 2, \cdots, 2, \cdots) = \frac{1}{4}(2^4 + 2 \times 2 + 2^2) = 6.$$

例 5.8　考虑六个珠子的手镯. 设 T 为六个珠子的集合, H_1 为手镯的平面旋转所诱导的 T 上的变换群, H_2 为平面旋转以及空间翻转所诱导的 T 上的变换群. 求 H_1 和 H_2 的循环指标. 并由此计算六珠手镯本质上不同的 k-染色模式的数目.

解　由例 5.4 的讨论, 不难验证 H_1 的循环指标为

$$\frac{1}{6}\left(x_1^6 + 2x_6 + 2x_3^2 + x_2^3\right). \tag{54}$$

类似地, H_2 的循环指标为

$$\frac{1}{12}\left(x_1^6 + 2x_6 + 2x_3^2 + x_2^3 + 3x_1^2 x_2^2 + 3x_2^3\right). \tag{55}$$

故由波利亚定理 I, 六珠手镯在平面和空间中本质上不同的 k-染色模式的数目分别为 $(k^6 + 2k + 2k^2 + k^3)/6$ 和 $(k^6 + 2k + 2k^2 + k^3 + 3k^2k^2 + 3k^3)/12$.

在运用波利亚定理 I 时, 棋盘问题和手镯问题所对应的染色模式是很直观的. 而例 5.7 的染色模式则并不是很直观. 事实上, 注意到 $a_1 a_2 a_3 a_4 a_5 a_6$ 是从 $1, 2, 3$ 不限重复地取六个的一个排列. 这等价于给 $a_1, a_2, a_3, a_4, a_5, a_6$ 六个元素用 $1, 2, 3$ 三种颜色染色, 即集合 $T = \{a_1, a_2, a_3, a_4, a_5, a_6\}$ 的 3-染色模式. 由例 5.7 知 T 上的变换群为 $G_1 \times G_2$. 进一步地, 由 (50) 式不难得到 $G_1 \times G_2$ 的循环指标为

$$P_{G_1 \times G_2}(x_1, x_2, \cdots, x_i, \cdots) = \frac{1}{12}\left(x_1^6 + 3x_1^4 x_2 + 2x_1^3 x_3 + x_1^4 x_2 + 3x_1^2 x_2^2 + 2x_1 x_2 x_3\right).$$

此外, 易验证例 5.6 的循环指标为 $(x_1^4 + x_2^2)/2$. 但由于 $2, 3, 4, 5, 7$ 旋转后不是有效数字, 故不能视为颜色. 因此该问题不是一个严格的染色模式问题.

波利亚定理 I 没有限制每一种颜色的具体数目. 在前面的讨论中我们知道, 一个染色模式在一个置换 τ 下不变当且仅当 τ 的每一个轨道中的元素必须是同

色的. 而循环指标 (51) 式不仅为我们提供了轨道数目的信息, 也提供了每一个轨道长度的信息. 这为统计染色模式中每一种颜色的具体数目提供了一个很有效的方法. 具体来说, 结合母函数的思想我们将循环指标中长为 i 的轨道 x_i 用 $Y_i = y_1^i + y_2^i + \cdots + y_k^i$ 替换, 其中 y_j 表示第 j 种颜色. 由此, 如果第 j 种颜色被用来染这个轨道, 则该颜色需被统计 i 次, 此即 y_j^i 中 i 的由来. 故由加法原理和乘法原理, 在置换 τ 下不变且颜色 j 恰好被用了 t_j $(1 \leqslant j \leqslant k, t_1 + t_2 + \cdots + t_k = |T|)$ 次的染色方法数等于母函数

$$(y_1^1 + y_2^1 + \cdots + y_k^1)^{o(1)}(y_1^2 + y_2^2 + \cdots + y_k^2)^{o(2)} \cdots (y_1^l + y_2^l + \cdots + y_k^l)^{o(l)}$$

展开后 $y_1^{t_1} y_2^{t_2} \cdots y_k^{t_k}$ 的系数. 由此, 我们得到下面的定理.

波利亚定理 II 设 T 是一个有限集, H 是 T 上的一个变换群, S 为 T 的所有 k-染色模式所成的集合. 设 $S(t_1, t_2, \cdots, t_k)$ 为 k-染色模式中恰有 t_i 个元素染颜色 i 的 k-染色模式所成的集合, 其中 $t_1 + t_2 + \cdots + t_k = |T|$. 则 $S(t_1, t_2, \cdots, t_k)$ 在 H 作用下等价类的数目等于

$$P_H(Y_1, Y_2, \cdots, Y_i, \cdots) = \frac{1}{|H|} \sum_{\tau \in H} Y_1^{o(1)} Y_2^{o(2)} \cdots Y_l^{o(l)} \tag{56}$$

中 $y_1^{t_1} y_2^{t_2} \cdots y_k^{t_k}$ 的系数, 其中 $Y_i = y_1^i + y_2^i + \cdots + y_k^i$.

在 (56) 式中若令 $y_1 = y_2 = \cdots = y_k = 1$, 则得 (53) 式. 因此, 波利亚定理 II 是波利亚定理 I 的一个推广形式. 作为例子, 我们运用波利亚定理 II 来计算例 5.4.

例 5.9 (例 5.4).

解 (1) 由 (54) 式和 (56) 式得

$$P_H(Y_1, Y_2, \cdots, Y_i, \cdots) = \frac{1}{6} \left((y_1 + y_2)^6 + 2(y_1^6 + y_2^6)^1 + 2(y_1^3 + y_2^3)^2 + (y_1^2 + y_2^2)^3 \right)$$

$$= y_1^6 + y_1^5 y_2^1 + 3y_1^4 y_2^2 + 4y_1^3 y_2^3 + 3y_1^2 y_2^4 + y_1^1 y_2^5 + y_2^6.$$

由波利亚定理 II, 黑、白各有三个珠子的手镯数目等于 $y_1^3 y_2^3$ 的系数, 即 4. 一般地, 恰有 $6, 5, 4, 3, 2, 1, 0$ 个黑色珠子的手镯数目分别为 $1, 1, 3, 4, 3, 1, 1$, 共计 14 个

手镯.

(2) 由 (55) 式和 (56) 式得

$$P_H(Y_1, Y_2, \cdots, Y_i, \cdots) = \frac{1}{12} \left((y_1 + y_2)^6 + 2(y_1^6 + y_2^6)^1 + 2(y_1^3 + y_2^3)^2 + (y_1^2 + y_2^2)^3 \right.$$
$$\left. + 3(y_1 + y_2)^2 (y_1^2 + y_2^2)^2 + 3(y_1^2 + y_2^2)^3 \right)$$
$$= y_1^6 + y_1^5 y_2^1 + 3y_1^4 y_2^2 + 3y_1^3 y_2^3 + 3y_1^2 y_2^4 + y_1^1 y_2^5 + y_2^6.$$

由此可知, 黑、白各有三个珠子的手镯数目等于 $y_1^3 y_2^3$ 的系数, 即 3. 一般地, 恰有 $6, 5, 4, 3, 2, 1, 0$ 个黑色珠子的手镯数目分别为 $1, 1, 3, 3, 3, 1, 1$, 共计 13 个手镯 (在例 5.3 中已经得到过).

思考题* 运用波利亚定理 II 计算例 5.7.

5.4 多面体染色的计数

本节考虑波利亚计数理论在多面体染色计数问题中的应用. 多面体染色计数是指在空间旋转下本质上不同的顶点 (或棱, 或面) 染色方法数, 即: 多面体顶点染色在空间旋转 (翻转) 所导出的顶点变换群作用下等价类的个数. 这里所说的**空间旋转**是指多面体, 或更一般的空间**刚体** (rigid object), 绕空间中的一个轴旋转一定的角度后与原多面体重合的旋转. 由于多面体是三维空间中的刚体, 它的棱长及棱之间的夹角在旋转过程中均保持不变. 可以证明: 经任意多次的旋转 (旋转轴可不同) 均等价于绕某一个轴的一次旋转 (事实上只要证明两次旋转即可, 留作习题). 这说明旋转的复合还是一个旋转. 因此, 任何一个多面体的所有旋转构成一个群.

在本节中, 我们称两个染色多面体在空间中是**本质不同**的均指它们在空间旋转意义下是不同的.

多面体点变换群 设 D 是一个顶点标记为 $1, 2, 3 \cdots, n$ 的多面体. D 的任何一个旋转都对应顶点的一个置换, 所有旋转诱导的顶点置换构成 $1, 2, 3 \cdots, n$ 上的一个变换群, 称为 D 的点变换群, 记为 $H(D)$.

例如, 正四面体 D_4 绕 1 和底面中心的连线顺时针旋转 $120°$ (图 5.3 (a)) 所

对应的置换为

$$\begin{pmatrix} 1\,2\,3\,4 \\ 1\,3\,4\,2 \end{pmatrix} = (234).$$

易看出正四面体的所有旋转共计 $1+8+3=12$ 个, 分如下两类:

(1) 以一个顶点及其对面中心的连线为旋转轴旋转 120° 或 240°, 共计 8 个;

(2) 以对棱中点的连线为旋转轴 (图 5.3(b)) 旋转 180°, 共计 3 个.

由此, 正四面体的点变换群 $H(D_4)$ 的 12 个置换如下:

$(1), (123), (132), (124), (142), (134), (143), (234), (243), (12)(34), (13)(24), (14)(23).$

据此不难写出它的循环指标为

$$P_{H(D_4)}(x_1, x_2, \cdots, x_i, \cdots) = \frac{1}{12} \left(x_1^4 + 8x_1 x_3 + 3x_2^2 \right). \tag{57}$$

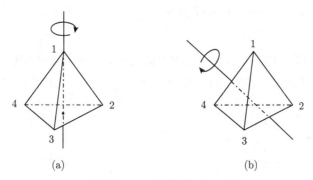

图 5.3 正四面体 D_4

例 5.10 用三种颜色给正四面体 D_4 的顶点染色.

(1) 计算所有本质不同的染色方法数;

(2) 计算恰好有两个顶点染第一种颜色的方法数.

解 (1) 设 T 为 D_4 的顶点集. 则所求为 T 的 3-染色模式在置换群 $H(D_4)$ 下等价类的数目. 由 (57) 式和波利亚定理 I 直接计算可得所求等价类的数目为

$$P_{H(D_4)}(3, 3, \cdots, 3, \cdots) = \frac{1}{12} \left(3^4 + 8 \times 3 \times 3 + 3 \times 3^2 \right) = 15.$$

(2) 由 (57) 式和波利亚定理 II, 所求数为

$$P_{H(D_4)}(Y_1, Y_2, \cdots, Y_i, \cdots) = \frac{1}{12} \left((y_1 + y_2 + y_3)^4 + 8(y_1 + y_2 + y_3)(y_1^3 + y_2^3 + y_3^3) \right)$$

$$+3(y_1^2 + y_2^2 + y_3^2)^2)$$

的展开式中 $y_1^2 y_2^i y_3^j$ 的系数之和, 其中 $i + j = 2$. 为简化计算, 在上式中令 $y_2 = y_3 = y$. 由此得

$$P_{H(D_4)}(Y_1, Y_2, \cdots, Y_i, \cdots) = \frac{1}{12} \left((y_1 + 2y)^4 + 8(y_1 + 2y)(y_1^3 + 2y^3) + 3(y_1^2 + 2y^2)^2\right)$$
$$= y_1^4 + 2y_1^3 y^1 + 3y_1^2 y^2 + 4y_1 y^3 + 5y^4.$$

故所求为 $y_1^2 y^2$ 的系数, 即 3 种.

例 5.11 计算用 k 种颜色给正三棱柱的顶点染色的方法数.

解 正三棱柱的旋转有两类:

(1) 以上下底面中心的连线为旋转轴 (图 5.4 (a)) 旋转 120° 或 240°, 共计 2 个, 旋转 120° 和 240° 的顶点置换分别为 (123)(456) 和 (132)(465), 循环指标均为 x_3^2;

(2) 以一个侧棱的中点与其对面中点的连线为旋转轴 (图 5.4 (b)) 旋转 180°, 共计 3 个, 其中图 5.4 (b) 所示的旋转的顶点置换为 (14)(26)(35), 循环指标为 x_2^3.

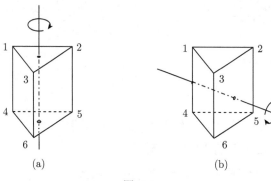

图 5.4

由此, 点变换群的循环指标为

$$\frac{1}{6} \left(x_1^6 + 2x_3^2 + 3x_2^3\right). \tag{58}$$

故由波利亚定理 I 得所求方法数为 $(k^6 + 2k^2 + 3k^3)/6$.

例 5.12 设 D 是一个四面体, 它的任何两条棱的长度均不相等. 用 k 种颜

色给它的顶点染色, 有多少种本质不同的方法?

解 由于它的任何两条棱的长度均不相等, 则不存在空间旋转使其与旋转后的多面体重合. 这意味着它的点变换群 $H(D)$ 只有恒等置换 (1). 故由波利亚定理 I, 所求方法数为 $k^4/|H(D)| = k^4$. 说明 D 的顶点的任意两个染色模式本质上均不相同, 这从直观上看是符合常理的.

以上我们讨论了多面体在空间旋转下的点变换群. 容易看到这对于棱和面也是适用的, 分别称为**棱变换群**和**面变换群**.

例 5.13 求正四面体棱变换群的循环指标.

解 由前面的讨论我们知道正四面体的旋转有两类, 一类是以一个顶点及其对面中心的连线为旋转轴; 另一类是以对棱中点的连线为旋转轴. 观察图 5.3 (a) 可知: 以顶点 1 和它对面 (即底面) 中心连线为轴旋转 $120°$ 所对应的棱置换为

$$\begin{pmatrix} 12 & 13 & 14 & 23 & 34 & 24 \\ 13 & 14 & 12 & 34 & 24 & 23 \end{pmatrix},$$

其中对任意 $i, j \in \{1, 2, 3, 4\}$, ij 表示顶点 i 和 j 所在的棱. 故该旋转所对应的棱置换的循环指标为 x_3^2. 由对称性, 第一类所有旋转所对应的棱置换的循环指标均为 x_3^2, 共计 8 个. 同理, 观察图 5.3 (b) 可知: 以对棱 14 和 23 中点连线为轴旋转 $180°$ 所对应的棱置换为

$$\begin{pmatrix} 12 & 13 & 14 & 23 & 34 & 24 \\ 34 & 24 & 14 & 23 & 12 & 13 \end{pmatrix}.$$

其循环指标均为 $x_1^2 x_2^2$, 共计 3 个. 因此, 正四面体棱变换群的循环指标为

$$\frac{1}{12} \left(x_1^6 + 8x_3^2 + 3x_1^2 x_2^2 \right). \tag{59}$$

例 5.14 用组合论证法证明: 对于任意的正整数 n, $n^5 + 5n^3$ 都能被 6 整除.

证明 考虑用 n 种颜色给正三棱柱的面染色. 易验证它的面变换群的循环指标为

$$\frac{1}{6} (x_1^5 + 2x_1^2 x_3 + 3x_1 x_2^2).$$

故由波利亚定理 I, 染色方法数为 $(n^5 + 5n^3)/6$, 即 $n^5 + 5n^3$ 都能被 6 整除.

思考题　用 k 种颜色给正四面体的点、棱、面都染色, 如何计算染色方法数?

例 5.15*　给正四面体的每一条棱都标一个方向, 有多少种本质不同的方法?

解　这是一个类似于对棱染两种颜色的问题. 由例 5.13 知它有两类旋转. 但在第二类旋转中, 例如以对棱 14 和 23 中点连线为轴旋转 180° 后棱 14 (棱 23 也是同理) 的方向均发生了改变. 而另一方面, 在此旋转下棱 14 映为它自己, 故无法用颜色的方式来表示方向.

尽管如此, 我们仍可回到用伯恩赛德引理的方法来处理, 即用不变元的思想来处理它. 注意, "棱 14 映为它自己但方向发生了变化" 这一现象说明在此旋转下没有不变元, 即不变元的个数为 0. 而对于第一类旋转, 例如以顶点 1 和它对面 (即底面) 中点连线为轴旋转 120° (图 5.3 (a)) 可知, 其不变元为: 三条棱 12, 13, 14 的方向均向上或均向下, 且另三条棱 23, 34, 24 的方向均为顺时针或均为逆时针. 故在旋转下不变元的个数为 2^2. 旋转 240° 也同理. 因此, 由伯恩赛德引理, 所有标方向的方法数等于 $(2^6 + 8 \times 2^2 + 3 \times 0)/12 = 8$. 注意, 由 (59) 式可知用两种颜色给正四面体的棱染色的方法数为 12. 也因此说明对棱标方向和对棱染两种颜色是两个不同的计数问题.

思考题*　正四面体的棱由五种 DNA 链构成, DNA 链是有方向的, 每一条棱是一条链. 问: 这样的 DNA 正四面体有多少种?

5.5*　非同构图的计数

两个图 G_1 和 G_2 **同构**是指在它们的顶点集之间有一个一一映射 $\pi : V(G_1) \to V(G_2)$ 使得对任意 $u, v \in V(G_1)$, u 和 v 在 G_1 中相邻当且仅当 $\pi(u)$ 和 $\pi(v)$ 在 G_2 中相邻. 通俗地说, 两个图同构是指它们有相同的结构. 易验证, 四个点非同构的图共有 11 个, 如图 5.5.

若把一个图 G 看作是一个边染黑、白两种颜色的完全图 (任意两个顶点均相邻的图, 如图 5.5 中最后一个图), 其中黑边表示 G 中的边, 白边表示非 G 的边, 则两个图同构等价于在顶点置换的意义下它们的边染色模式完全相同. 显然, n 个顶点的完全图的所有顶点置换构成一个群, 即 n-次对成群 S_n. 而每一个顶点置换诱导出边集上的一个置换. 因此, S_n 诱导出边集上的一个变换群, 记为 B_n. 故由

波利亚定理 I, n 个顶点所有非同构图的数目等于

$$P_{B_n}(2,2,\cdots,2,\cdots) = \frac{1}{n!}\sum_{\tau \in B_n} 2^{o(1)}2^{o(2)}\cdots 2^{o(l)}, \tag{60}$$

其中 $o(i)$ 为边置换 τ 中长为 i 的轨道的个数, l 为 τ 中最长轨道的长.

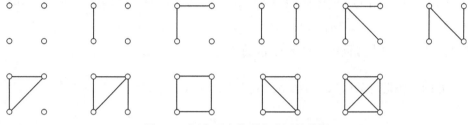

图 5.5 四个顶点的所有非同构的图

例 5.16 计算四个顶点非同构图的数目 $g(4)$.

解 将完全图的四个顶点分别标为 $1, 2, 3, 4$. 则顶点集 $\{1,2,3,4\}$ 上的 4-次对称群 S_4 上的所有 24 个置换为

$$(1), (12), (13), (14), (23), (24), (34), (123), (132), (124), (142), (134), (143), (234),$$

$$(243), (1234), (1243), (1324), (1342), (1423), (1432), (12)(34), (13)(24), (14)(23).$$

容易计算, 在顶点置换 (12) 的作用下边的轨道有 4 个, 即 $\{12\}, \{14, 24\}, \{13, 23\}$, $\{34\}$, 这里 ij 表示连接顶点 i 和 j 的边. 进一步地, 易验证:

(1) 恒等顶点置换 (1) 作用下边的轨道数目为 6, 即完全图的边数;

(2) 形如 (ij) 的顶点置换作用下边的轨道有 4 个, 而这样的置换共有 6 个;

(3) 形如 (ijk) 的顶点置换作用下边的轨道有 2 个, 而这样的置换共有 8 个;

(4) 形如 $(ijkh)$ 的顶点置换作用下边的轨道有 2 个, 而这样的置换共有 6 个;

(5) 形如 $(ij)(kh)$ 的顶点置换作用下边的轨道有 4 个, 而这样的置换共有 3 个.

故由 (60) 式,

$$g(4) = \frac{1}{24}\left(2^6 + 6 \times 2^4 + 8 \times 2^2 + 6 \times 2^2 + 3 \times 2^4\right) = 11. \tag{61}$$

由对称性, 我们知道具有相同循环模式的顶点置换所诱导的边的轨道数是相等的, 如 (12) 和 (23) 的轨道数都等于 4. 若把顶点置换按其各个循环的长度对应于整数 4 的一个分拆, 则具有相同分拆的置换必有相同的轨道数. 如 (12) 和 (23) 对应的分拆都是 $2 + 1 + 1$, 而 (123) 对应的分拆为 $3 + 1$. 这显然对于一般 n 个顶点的情形也是成立的.

对于正整数 n 的一个分拆 $P : n = p_1 + p_2 + \cdots + p_q$, 我们用 α_i 表示分拆中 i 的个数. 显然有 $n = 1\alpha_1 + 2\alpha_2 + \cdots + n\alpha_n$. 设 $\mathcal{P}(n)$ 为正整数 n 的所有分拆的集合. 则 n 个顶点非同构图的数目 $g(n)$ 可表示为如下形式.

非同构图的计数公式　n 个顶点非同构图的数目等于

$$g(n) = \sum_{P \in \mathcal{P}(n)} \frac{1}{1^{\alpha_1} 2^{\alpha_2} \cdots n^{\alpha_n} \alpha_1! \alpha_2! \cdots \alpha_n!} 2^{\rho(P)},$$

其中 $\rho(P) = \displaystyle\sum_{i < j \in \{1, 2, \cdots, q\}} (p_i, p_j) + \sum_{i=1}^{q} \left\lceil \frac{p_i - 1}{2} \right\rceil$, (p_i, p_j) 为 p_i 和 p_j 的最大公因数.

证明　注意不同的分拆显然对应于不同的置换. 故由 (60) 式及上面的讨论, 需证明整数 n 的任意一个分拆 $1\alpha_1 + 2\alpha_2 + \cdots + n\alpha_n$ 恰好对应 n 元集上

$$\frac{n!}{1^{\alpha_1} 2^{\alpha_2} \cdots n^{\alpha_n} \alpha_1! \alpha_2! \cdots \alpha_n!}$$

个不同的置换 (留作习题).

进一步地, 设 τ 为对应于 n 的一个分拆 $P : n = p_1 + p_2 + \cdots + p_q$ 的顶点置换. 则 τ 的循环的长度分别为 $p_1, p_2, \cdots, p_q$. 容易看出, 边的轨道可分为两类.

(1) 第一类: 轨道中边的两个端点分属 τ 的两个不同的循环.

(2) 第二类: 轨道中边的两个端点属于 τ 的同一个循环.

对于第一类, 易验证两个端点分属 τ 的两个不同的循环 C 和 C' 的边的轨道数目等于 (p_i, p_j), 其中 p_i 和 p_j 分别为循环 C 和 C' 的长. 对于第二类, 易验证两个端点属于 τ 的同一个循环 C 的边的轨道数目等于 $\lceil (p_i - 1)/2 \rceil$, 其中 p_i 为循环 C 的长.　　　　$\square$

上面给出的计数公式没有限制图的边数. 运用波利亚定理 II 也可计算有限制

的情形.

例 5.17 计算四个顶点 $k\,(0 \leqslant k \leqslant 6)$ 条边非同构图的数目.

解 由波利亚定理 II 和例 5.16 可得

$$P_{B_4}(Y_1, Y_2, \cdots, Y_l, \cdots) = \frac{1}{24}\left((y_1+y_2)^6 + 6 \times (y_1+y_2)^2(y_1^2+y_2^2)^2 + 8 \times (y_1^3+y_2^3)^2 \right.$$
$$\left. + 6 \times (y_1^4+y_2^4)(y_1^2+y_2^2) + 3 \times (y_1+y_2)^2(y_1^2+y_2^2)^2\right)$$
$$= y_1^6 + y_1^5 y_2 + 2y_1^4 y_2^2 + 3y_1^3 y_2^3 + 2y_1^2 y_2^4 + y_1 y_2^5 + y_2^6.$$

进一步地, 所求数目等于上式中 $y_1^k y_2^{6-k}$ 的系数. 特别地, 若上式令 $y_1 = y_2 = 1$, 则得全部非同构图的数目 11.

表 5.1 列出了八个顶点以内所有边数的非同构图的数目, 其中 n, m 分别表示顶点数和边数 (由对称性, 具有 m 条边和具有 $C_n^2 - m$ 条边非同构图的数目是相等的, 在此仅列 $m \leqslant C_n^2/2$ 的情形).

表 5.1

n \ m	0	1	2	3	4	5	6	7	8	9	10	11	12	13	14	$g(n)$
1	1															1
2	1															2
3	1	1														4
4	1	1	2	3												11
5	1	1	2	4	6	6										34
6	1	1	2	5	9	15	21	24	24							156
7	1	1	2	5	10	21	41	65	97	131	148	148				1044
8	1	1	2	5	11	24	56	115	221	402	663	980	1312	1557	1646	12346

渐近公式 n 个顶点非同构图的数目的渐近公式:

$$g(n) \sim \frac{1}{n!} 2^{C_n^2}\left(1 + C_n^2 2^{-n+2} + o(n^3 2^{\pi\sqrt{2n/3}/\ln 2 - 2n + 4})\right).$$

本章最后我们讨论非同构有向图的数目, 这里所说的**有向图**是指任意两个顶

点 u 和 v 之间最多有一条从 u 指向 v 的有向边. 图 5.6 列出了三个顶点的所有
16 个有向图.

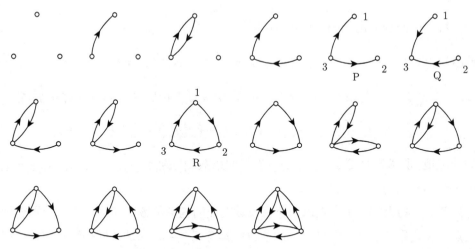

图 5.6 三个顶点的所有非同构的有向图

非同构有向图的计数非常类似于 5.4 节中所讨论的多面体棱的标方向问题,
但也不尽相同.

例 5.18 计算三个顶点非同构有向图的数目 $d(3)$.

解 有向图涉及边的标方向问题, 我们运用伯恩赛德引理来解. 设 S 是以
$\{1,2,3\}$ 为顶点集的所有有向图的集合. 由定义, 有向图任意两点 i 和 j 之间的连
边模式有 A,B,C,D 四种, 如图 5.7. 故 $|S| = 4^3$. 下面讨论 S 中的有向图在顶点
置换下不变的数目.

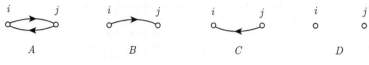

图 5.7 两个顶点之间四种连边模式

顶点集 $\{1,2,3\}$ 上的 3-次对称群 S_3 上的所有六个置换为

$$(1),(12),(13),(23),(123),(132).$$

它们所诱导的边集上的六个置换分别为

$$\begin{pmatrix} 12 & 13 & 23 \\ 12 & 13 & 23 \end{pmatrix}, \begin{pmatrix} 12 & 13 & 23 \\ 12 & 23 & 13 \end{pmatrix}, \begin{pmatrix} 12 & 13 & 23 \\ 23 & 13 & 12 \end{pmatrix}, \begin{pmatrix} 12 & 13 & 23 \\ 13 & 12 & 23 \end{pmatrix}, \begin{pmatrix} 12 & 13 & 23 \\ 23 & 12 & 13 \end{pmatrix}, \begin{pmatrix} 12 & 13 & 23 \\ 13 & 23 & 12 \end{pmatrix},$$

其中 ij 表示连接点 i 和点 j 的边.

显然, S 中的任何有向图在顶点集 $\{1, 2, 3\}$ 的恒等置换 (1) 下均不变, 数目为 $|S| = 4^3$.

类似于例 5.15 的讨论, 一个有向图在顶点置换 (12) $((13)$ 和 (23) 同理$)$ 下不变当且仅当顶点 1 和 2 之间的边不能是模式 B 或 C, 故只能是模式 A 或 D 两种; 而顶点 1 和 3 之间以及顶点 2 和 3 之间可选四种模式的任何一个但必须相同 (特别地, 当选取的模式是 B 或 C 时, 连接 1 和 3 及连接 2 和 3 的边的方向都指向 3, 如图 5.6 中的 Q 所示; 或都相反, 如图 5.6 中的 P 所示). 因此, 在顶点置换 (12) 下不变的有向图共有 $2 \times 4 = 8$ 个.

对于顶点置换 (123) $((132)$ 同理$)$, 一个有向图在 (123) 下不变当且仅当它的三条边的模式相同 (特别地, 当选取的模式是 B 或 C 时, 三条边按顺时针方向头尾相接, 如图 5.6 中的 R 所示; 或都相反), 共有四种选择.

故由伯恩赛德引理, 三个顶点非同构有向图的数目等于 $(4^3 + 3 \times 8 + 2 \times 4)/6 = 16$.

类似于无向图, 对于 n 个顶点非同构有向图的数目我们有如下计算公式.

非同构有向图的计数公式　n 个顶点非同构有向图的数目等于

$$d(n) = \sum_{P \in \mathcal{P}(n)} \frac{1}{1^{\alpha_1} 2^{\alpha_2} \cdots n^{\alpha_n} \alpha_1! \alpha_2! \cdots \alpha_n!} 2^{\rho(P)},$$

其中 $\rho(P) = n - q + \sum_{i < j \in \{1, 2, \cdots, q\}} 2(p_i, p_j)$.

证明　略 (可参见文献 (Qian, 2014)). □

本 章 小 结

本章学习了波利亚计数理论最基本的思想方法. 从理论上说, 它可以用来计算任何集合中本质上不同的物的数目, 只要我们能把什么是 "相同" 用一个作用在该集合上的变换群来描述. 在一些问题中, "相同" 这一概念并不很直观, 如例 5.7. 但本章所学习的大多数内容如手镯、多面体染色及图同构等问题, 其 "相同" 的概念都是很直观的.

限于篇幅, 本章学习的伯恩赛德引理、波利亚定理 I 和波利亚定理 II 只是波利亚计数理论的简化版本. 如在棋盘染色问题中, 若颜色集上也有一个置换, 它将黑、白颜色对调, 则图 1.5 中编号为 2 和 12 的两个染色模式 "本质上" 也是相同的. 这一问题是本章所学知识无法处理的, 建议进一步阅读参考文献 (Liu, 1987).

习　题　5

5.1 有一个由九个珠子组成的手镯, 用 k 种颜色去染它的珠子. 问: 在平面上和空间中本质上不同的染法各有多少种?

5.2 (1) 在空间直角坐标系中的一个多面体绕 x 轴旋转 $180°$ 后再绕 y 轴旋转 $180°$. 证明: 旋转的结果等价于一次性绕 z 轴旋转 $180°$.

(2)* 在空间中的一个多面体绕某一个轴旋转某个角度后再绕一个轴旋转某个角度. 证明: 旋转的结果等价于一次性绕某一个轴旋转某一个角度.

5.3 用 k 种颜色给图 5.8 (a) 中的 8 个扇形区域染色.

(1) 在平面上本质上不同的染法有多少种?

(2) 若扇形区域是透明的, 在空间中本质上不同的染法有多少种?

(3)* 若恰好是八种颜色且任意两个扇形的颜色均不同, 重做 (1) 和 (2).

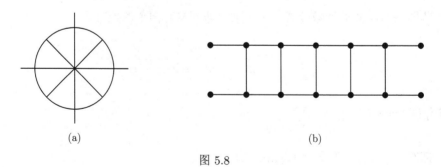

(a)　　　　　　　　　　　　　(b)

图 5.8

5.4 用 k 种颜色给图 5.8 (b) 中的梯形结构的圆点染色, 在平面上和空间中本质上不同的染法各有多少种?

5.5 用两种颜色分别给正六面体的顶点、棱和面染色, 各有多少种方法?

5.6 用两种颜色给正六面体的顶点、棱和面都染色, 有多少种方法?

5.7 用三种颜色给正六面体的面染色, 要求每一种颜色恰好出现两次, 有多少种方法?

5.8 计算用 k 种颜色给正四棱柱 (侧棱与底边的长不相等) 的顶点染色的方法数.

5.9 在空间中有多少个本质上不同的骰子?

5.10 有一个七等分的均匀长棒.

(1) 用黑、白两种颜色给它的每一段染一个颜色, 本质上不同的染色方法有多少种?

(2)* 若不是染颜色, 而是给每一段标一个方向, 本质上不同的方法有多少种?

5.11 求正八面体点变换群的循环指标.

5.12 (空间中的圆排列) 将 n 个物排列在圆周上, 若两个排列可通过平面旋转、空间翻转相互得到则称它们是本质上相同的. 问: 共有多少种本质上不同的排法?

5.13 (习题 1.37, 习题 3.26) 五个红苹果和八个绿苹果排成一个圆, 同色苹果无区别. 问: 在平面上和空间中本质上不同的排法各有多少种?

5.14 用组合论证法证明: 对于任意的正整数 n, 6 都能整除 $n^9 + 3n^5 + 2n^3$.

5.15 证明: 整数 n 的任意一个分拆 $1\alpha_1 + 2\alpha_2 + \cdots + n\alpha_n$ 恰好对应 n 元集上

$$\frac{n!}{1^{\alpha_1} 2^{\alpha_2} \cdots n^{\alpha_n} \alpha_1! \alpha_2! \cdots \alpha_n!}$$

个不同的置换.

5.16* 有四种 DNA 链, 从中取出六条 (可以相同) 把它们头尾相接组成环状 DNA 链环, DNA 链是有方向的. 问: 在空间中有多少本质上不同的这种链环?

5.17* 请分别写出 n 个珠子的手镯在平面和空间中的循环指标. 据此回答在绪论中所提的手镯问题.

5.18* 运用波利亚定理 II 计算例 5.5.

5.19* 计算四个顶点非同构有向图的数目 $d(4)$.

5.20* 证明在非同构有向图的计数公式中 $\rho(P) = n - q + \sum\limits_{i<j \in \{1,2,\cdots,q\}} 2(p_i, p_j)$.

5.21* 若把图 5.8 (b) 中的梯形看作一个图, 即圆点看作顶点、连线看作边, 用 k 种颜色给它的顶点染色, 则在同构的意义下本质上有多少种染色方法?

小课题 镜像和手性.

一个空间结构在镜子中的影像称为它的镜像. 若一个 "刚体" 结构与其镜像不能通过空间旋转相互重合, 则称该结构是具有手性的 (chiral), 其镜像称为它的手性对映体. 人的手是有手性的, "手性" 一词由此而来, 左右手互为手性对映体. 另一个有手性的例子是顶点染了黑白两种颜色的正六棱锥, 如图 5.9.

请对手性问题的由来写一个小综述, 并运用波利亚计数理论研究多面体染色在空间旋转及镜面反射意义下的计数问题.

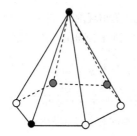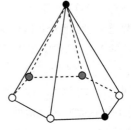

图 5.9 一个染色正六棱锥 (左) 及其镜像 (右)

参考文献

曹汝成. 2012. 组合数学. 2 版. 广州: 华南理工大学出版社.

管梅谷. 1960. 奇偶点图上作业法. 数学学报, 10: 263-266.

管梅谷. 2015. 关于中国邮递员问题研究和发展的历史回顾. 运筹学学报, 19(3): 1-7.

华罗庚. 1964. 从杨辉三角谈起. 北京: 人民教育出版社.

罗见今. 2010. 陆家羲对组合设计的贡献. 内蒙古师范大学学报 (自然科学汉文版), 39(1): 99-108.

Andrews G E, Eriksson K. 2017. 整数分拆. 现代数学译丛 29. 傅士硕, 杨子辰, 译. 北京: 科学出版社.

Appel K, Haken W. 1976. Every planar map is four colorable. Bul. Amer. Math. Soc., 82(5): 711-712.

Berndt B C. 1992. Hans Rademacher (1892-1969). Acta Arithmetica, LXI.3.

Brualdi R A. 2013. 组合数学. 冯速, 等译. 北京: 机械工业出版社.

Hall M, Jr. 1986. Combinatorial Theory. 2nd ed. New York: John Wiley & Sons. Inc..

Hicks A S. 2013. Parking function polynomials and their relation to the shuffle conjecture. PhD dissertation, University of California, San Diego.

Kirkman T P. 1847. On a problem in combinations. Cambridge and Dublin Math J., 2: 191-204.

Liu C L. 1987. 组合数学导论. 魏万迪, 译. 成都: 四川大学出版社.

Lu J X. 1984. Note on large sets of disjoint Steiner triple system, VI. J. Combi. Theory, Ser. A, 37: 189-192.

Qian J G. 2013. Enumeration of unlabeled directed hypergraphs. Electron. J. Combin., 20(1): 46.

Qian J G. 2014. Enumeration of unlabeled uniform hypergraphs. Discrete Mathematics, 326: 66-74.

Radziszowski S P. 2021. Small ramsey numbers. Electron J. Combin, DS1.16.

Stanley R P. 2009. A survey of alternating permutations. arXiv:0912.4240v1.

Wilf H S. 1990. Generatingfunctionology. New York: Academic Press.

附　录

附录 1　装盒问题答案索引

n 个盒	k 个球	每盒最多一球	每盒至少一球	每盒球数不限	每盒至少一球 球在盒中有序	每盒球数不限 球在盒中有序
有区别	有区别	装盒问题 1 例 1.5	装盒问题 5 习题 1.2, 习题 3.19, 例 2.25(1)	装盒问题 9 习题 1.1, 例 2.24	装盒问题 14 习题 1.38, 例 3.5	装盒问题 16 例 1.2
有区别	无区别	装盒问题 2 例 1.12	装盒问题 6 习题 1.26	装盒问题 10 例 1.18	/	/
无区别	有区别	装盒问题 3 一种装法	装盒问题 7 例 2.25(2)	装盒问题 11 例 2.26	装盒问题 15 习题 3.18	装盒问题 17 习题 3.18
无区别	无区别	装盒问题 4 一种装法	装盒问题 8 习题 2.14	装盒问题 12,13 例 2.14, 习题 2.13	/	/

附录 2　经典组合数

在组合数学中有许多经典的数, 本节将列出其中较具代表性的八个. 事实上, 这些组合数都有大量且深入的研究结果. 限于篇幅, 在此仅列出它们的基本定义和最基本的性质, 更多的结果可参阅其他文献. 特别地, 我们介绍一个可查询各种组合数 (数列) 的专业网站: The On-Line Encyclopedia of Integer Sequences, 简称 OEIS: https://oeis.org/. 该网站的数据最初源于 1964 年 N. J. A. Sloane 所搜集的几十个数列. 后来数列的数目不断增加, 到 1996 年已达一万多个, 并据此建立了网站以在线的形式供读者查阅和更新. 经过二十多年的不断更新, 目前网站已包含了数十万个数列的基本信息和最新研究成果, 读者可通过输入数列的前几项、数列名称或关键词直接查询.

1. 卡特兰数

卡特兰数 C_n (Catalan number)，又称卡塔兰数，是一个用于很多计数问题的组合数，以法裔比利时数学家卡特兰 (E. C. Catalan, 1814 ~1894) 的名字命名。早在 1753 年，瑞士数学家欧拉 (L. Euler) 在解决凸包三角形划分问题时推得了该数。随后在 1758 年，赛格奈尔 (J. Segner) 给出了该数的一个递推关系。1838 年，拉梅 (G. Lame) 给出了一个完整证明和简洁的表达式。卡特兰在研究汉诺塔问题时解决了与此密切相关的括号表达式问题。1900 年，德国数学家内托 (E. Netto) 在书中将该数归于卡特兰数。据考证，大约早在 1730 年，蒙古族数学家明安图在研究三角函数幂级数时也发现了这个组合数，并于 1774 年发表在《割圆密率捷法》一书中。因此，卡特兰数在中国也被称为**明安图数**。

卡特兰数有如下递推关系式：

$$C_n = C_0C_{n-1} + C_1C_{n-2} + C_2C_{n-3} + \cdots + C_{n-1}C_0,$$

以及

$$xC^2(x) - C(x) + 1 = 0.$$

在 2.3 节，我们知道格路问题与卡特兰配对问题是等价的，下面列举其他几个与卡特兰配对问题等价的计数问题，因而它们的数目均等于 C_n。

凸多边形三角划分问题　在一个凸 $n+2$ 边形中，用若干条互不相交的对角线把这个多边形划分成若干个三角形。$n=4$ 的情形如下图。

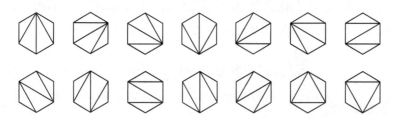

二元序列问题　由 0 和 1 组成的 $2n$ 码二元序列，满足：对任意 $k \in \{1,2, 3,\cdots,2n\}$，前 k 个码中 0 的个数不少于 1 的个数。

括号匹配问题 (习题 4.10)　n 对括号的配对。例如，一对括号有一种方式：()。两对括号有两种方式：()()，(())。三对括号有五种方式：((()))，()(())，()()()，(())()，(()())。

二叉搜索树问题　二叉搜索树是数据结构一个经典的搜索结构, 它是一个有 n 个分支点的完全二叉根树, 每一个分支点 (非叶子点) 恰分两叉. 具有三个分支点的所有二叉搜索树如下图.

标准杨表 (习题 2.22)　在一个 $m \times n$ 棋盘的格子中填入数字 $1, 2, \cdots, mn$, 满足同行的数由左至右递增、同列的数由上至下递增. $2 \times n$ 标准杨表与卡特兰配对一一对应.

买票找零问题 (习题 2.21)　有 $2n$ 个人排成一列购买车票, 车票价格 5 元, 其中有 n 个人有一张 5 元钞票, 另外 n 个人只有 10 元钞票. 售票处事先未准备找零钞票. 将这 $2n$ 个人排成一队使得每个人都能买到车票.

有序泊车函数　详见习题 2.31.

中-大-小禁用模式的排列问题 (习题 2.29)　$1, 2, \cdots, n$ 的全排列, 满足从左至右不存在某三个数字 (不必紧挨) 的大小关系是中、大、小.

一个推广形式　用 2.3 节中格路问题的语言描述, 卡特兰数的一个推广形式为: 在 $n \times m$ $(n \geqslant m)$ 网格上从 $(0,0)$ 走到 (n,m), 要求每一步只能沿方向 $\nearrow$ 或 $\searrow$ 且不穿过 x 轴 (即 $(0,0)$ 与 (n,n) 的连线). 这样的走法数等于

$$\mathrm{C}_{m+n+1}^{m} - 2\mathrm{C}_{m+n}^{m-1} = \mathrm{C}_{m+n}^{m} - \mathrm{C}_{m+n}^{m-1}.$$

2. 斐波那契数

斐波那契数列 (Fibonacci sequence), 又称黄金分割数列, 是意大利数学家斐波那契 (L. Fibonacci, 1170 ∼ 1240) 于 1228 年在其著作《算盘全书》(*Liber Abacci*) 以兔子繁殖为例而引入, 故又称为 "兔子数列" (例 4.1). 斐波那契早年旅居阿尔及利亚地区, 因而学习了阿拉伯数字与位值制相结合的记数法, 也即我们今天的记数法. 斐波那契数列就是用这样的记数法被引入欧洲并得到普及, 对欧洲乃至世界数学的发展起了重要的作用.

在第 4 章, 我们知道斐波那契数列的通项公式为

$$F_n = \frac{1}{\sqrt{5}} \left(\left(\frac{1+\sqrt{5}}{2} \right)^n - \left(\frac{1-\sqrt{5}}{2} \right)^n \right),$$

又称为**比内公式**, 是用无理数表示有理数的一个范例.

基本性质

- 当 n 趋向于无穷大时, 前一项与后一项的比值趋近于黄金分割数

$$0.618033988\cdots;$$

- 任意连续的四个斐波那契数, 可以构造出一个毕达哥拉斯三元组 (勾股数组);
- 任意连续的四个斐波那契数, 中间两数之积 (内积) 与两边两数之积 (外积)相差 1;
- 任意 n 个连续的斐波那契数有且只有一个能被 F_n 整除;
- 在杨辉三角中, 图 0.1 中斜线上的数之和构成斐波那契数列.

基本关系式

- $F_n^2 - F_{n-1}F_{n+1} = (-1)^{n-1}$ (卡西尼恒等式);
- $F_0 + F_1 + \cdots + F_n = F_{n+2} - 1$;
- $F_1 + F_3 + \cdots + F_{2n-1} = F_{2n}$;
- $F_2 + F_4 + \cdots + F_{2n} = F_{2n+1} - 1$;
- $F_1 + 2F_2 + \cdots + nF_n = nF_{n+2} - F_{n+3} + 2$;
- $F_1^2 + F_2^2 + \cdots + F_n^2 = F_n F_{n+1}$;
- $F_n = F_m F_{n-m+1} + F_{m-1}F_{n-m}$ $(1 \leqslant m \leqslant n)$;
- $\gcd(F_m, F_n) = F_{\gcd(m,n)}$;
- $F_m \mid F_n \Leftrightarrow m \mid n$ (由上式得).

由倒数第四个关系式, 当我们把斐波那契数列前几项的平方看作不同大小的正方形面积时, 它可以拼成一个大的矩形. 因此所有小正方形的面积之和等于大矩形的面积. 进一步地, 将每个小正方形都画出四分之一圆周, 由此得到著名的**斐波那契弧线**, 如下图.

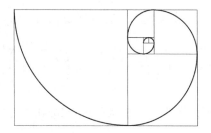

基本同余关系

设 p 为任意大于 5 的素数. 令

$$\left\langle \frac{p}{5} \right\rangle = \begin{cases} 1, & \text{如果 } p \text{ 为 } 5k \pm 1 \text{ 形式的数,} \\ -1, & \text{如果 } p \text{ 为 } 5k \pm 2 \text{ 形式的数.} \end{cases}$$

则有

- $F_p \equiv \left\langle \frac{p}{5} \right\rangle \pmod{p}$;
- $F_{p - \langle p/5 \rangle} \equiv 0 \pmod{p}$;
- $F_{p + \langle p/5 \rangle} \equiv 1 \pmod{p}$;
- 若 $p \equiv 1, 4 \pmod 5$, 则 $p - 1$ 是斐波那契数模 p 的周期;
- 若 $p \equiv 2, 3 \pmod 5$, 则 $2p + 2$ 是斐波那契数模 p 的周期;
- 一个正整数 q 是斐波那契数模 p^{k-1} 的周期当且仅当 pq 是斐波那契数模 p^k 的周期;
- **皮萨诺周期**　模 q 意义下斐波那契数列的最小正周期被称为皮萨诺周期, 皮萨诺周期总是不超过 $6q$, 且只有在 $q = 2 \times 5^k$ 的形式时才取到等号.

斐波那契数列有以下两个自然的推广形式.

斐波那契-卢卡斯数列　满足 $F_1 = a, F_2 = b, F_n = F_{n-1} + F_{n-2} \ (n \geqslant 3)$ 的数列 $F_1, F_2, F_3, \cdots$, 其中 a, b 为任意整数. 特别地, 当 $F_1 = F_2 = 1$ 时即为斐波那契数列; 当 $F_1 = 1, F_2 = 3$ 时称为卢卡斯数列.

广义斐波那契数列　满足 $F_1 = a, F_2 = b, F_n = pF_{n-1} + qF_{n-2} \ (n \geqslant 3)$ 的数列 $F_1, F_2, F_3, \cdots$, 其中 a, b, p, q 为任意整数. 特别地,

- 当 $p = q = 1$ 时即为斐波那契-卢卡斯数列;

- 当 $p = 1, q = 2$ 时称为佩尔-勾股弦数列;
- 当 $p = 2, q = -1$ 时为等差数列;
- 当 $F_1 = 1, F_2 = p = k, q = 0$ 时为公比是 k 的等比数列.

素数问题 斐波那契数列中是否存在无穷多个素数? 斐波那契数列中已知最大的素数是第 81839 个, 是一个 17103 位数.

3. 整数分拆数 (装盒问题 12)

整数分拆问题早在中世纪就有一些初步的研究. 在第 2 章介绍的母函数法是 18 世纪 40 年代由欧拉提出的, 这也是第一次系统地研究整数分拆问题. 这一方法的引入证明了许多有重要意义的定理, 为整数分拆奠定了理论基础. 结合欧拉五角数公式, 麦克马洪 (P. A. MacMahon) 于 1918 年编列了 $p(n)$ 的数表 ($n \leqslant 200$). 随后, 古普塔 (H. Gupta) 分别于 1935 年、1937 年和 1958 年将 $p(n)$ 的数表扩大到 $n \leqslant 1000$. 下表为 $n \leqslant 60$ 时 $p(n)$ 的数值表.

n	$p(n)$	n	$p(n)$	n	$p(n)$	n	$p(n)$	n	$p(n)$	n	$p(n)$
1	1	11	56	21	792	31	6842	41	44583	51	239943
2	2	12	77	22	1002	32	8349	42	53174	52	281589
3	3	13	101	23	1225	33	10143	43	63261	53	329931
4	5	14	135	24	1575	34	12310	44	75175	54	386155
5	7	15	176	25	1958	35	14883	45	89134	55	451276
6	11	16	231	26	2436	36	17977	46	105558	56	526823
7	15	17	297	27	3010	37	21637	47	124754	57	614154
8	22	18	385	28	3718	38	26015	48	147273	58	715220
9	30	19	490	29	4565	39	31185	49	173525	59	831820
10	42	20	627	30	5604	40	37338	50	204226	60	966467

在整数分拆问题的研究中, "拉马努金" 这个名字是不得不提及的. 拉马努金 (S. Ramanujan, 1887~1920) 是印度的一个天才数学家, 他没有受过专业的高等数学教育, 但却在他短短 33 年的一生中写下了 3900 多个复杂而神奇的数学公式. 他的伯乐英国著名数学家哈代 (G. H. Hardy) 曾这样评价他: "我们是在学习数学, 而拉马努金是在创造数学." 在这 3900 多个数学公式中, 有许多是关于整数分拆数的. 1919 年, 拉马努金在仔细研究 $p(n)$ 的数表时发现某些整数分拆数满足奇

妙的同余关系, 并给出了下列同余式:

- $p(5n+4) \equiv 0 \pmod 5$;
- $p(7n+5) \equiv 0 \pmod 7$;
- $p(11n+6) \equiv 0 \pmod{11}$;
- $p(25n+24) \equiv 0 \pmod{25}$.

进而猜想: 如果 $24\lambda \equiv 1 \pmod{5^a 7^b 11^c}$, 则 $p(5^a 7^b 11^c n + \lambda) \equiv 0 \pmod{5^a 7^b 11^c}$.

19 世纪 30 年代, 乔拉 (S. Chowla) 从古普塔扩展的 $p(n)$ 数值表中发现 $P(243) = 133978259344888$ 不能被 $7^3 = 343$ 整除, 而 $24 \times 243 \equiv 1 \pmod{343}$, 这与猜想矛盾. 经过对猜想的修正, 沃森 (G. N. Watson) 于 1938 年证明了拉马努金猜想修正后的命题对于所有 5 和 7 的幂是正确的. 到 1967 年, 阿特金 (A. O. L Atkin) 证明: 如果 $24\lambda \equiv 1 \pmod{5^a 7^b 11^c}$, 则 $P(5^a 7^b 11^c n + \lambda) \equiv 0 \pmod{5^a 7^{[\frac{b+2}{2}]} 11^c}$.

拉马努金还发现了许多与 $p(n)$ 同余性有关的恒等式, 例如

$$p(4) + p(9)x + p(14)x^2 + \cdots = 5 \frac{((1-x^5)(1-x^{10})(1-x)^{15} \cdots)^5}{((1-x)(1-x^2)(1-x^3) \cdots)^5}.$$

拉马努金的研究天马行空, 所写下的近四千个数学公式中已经有很大一部分被证明是正确的, 还有一些至今没有被证明. 拉马努金的研究拓宽了整数分拆理论研究的领域.

随着解析数论中圆法的引入, 整数分拆理论得到了进一步发展. 整数分拆在组合数学、群论、概率论、数理统计学及质点物理学等方面都有重要应用. 但当 n 很大时确定 $p(n)$ 是非常困难的, 给出其渐近公式是一个可取的方向. 我们在第 2 章中介绍的哈代-拉马努金的渐近公式就是这样一个经典结果. 而寻求更精确的表达式仍然是许多数学家的目标. 在 1937 年, 德国数学家拉德马赫 (H. Rademacher) 得到了一个更佳的结果:

$$p(n) = \frac{1}{\pi\sqrt 2} \sum_{k=1}^{\infty} A_k(n) \sqrt k \frac{\mathrm d}{\mathrm dn} \left(\frac{\sinh\left(\frac{\pi}{k}\sqrt{\frac{2}{3}\left(n-\frac{1}{24}\right)}\right)}{\sqrt{n-\frac{1}{24}}} \right),$$

这里

$$A_k(n) = \sum_{0 \leqslant m < k;\ (m,k)=1} e^{\pi i s(m,k) - 2\pi i n m / k},$$

其中 $s(m,k)$ 是戴德金和. 拉德马赫在推导这一公式时发现它与哈代-拉马努金渐近公式不相等. 随后, 莱默 (D. H. Lehmer) 证明哈代-拉马努金的公式是发散的 (divergent). 从这意义上说, 拉德马赫的公式是对哈代-拉马努金渐近公式的一个实质性改进, 它以无穷级数和的形式给出了 $p(n)$ 的确切表达式.

4. 斯特林数

在 2.4 节, 我们提到两类斯特林数 (Stirling number), 是由苏格兰数学家斯特林 (J. Stirling, 1692~1770) 在解决降阶乘积问题时所发现, 并在 *Methodous Differentialis* (1730 年) 一书中说明了这两类数的重要性. 这两类数自提出以来吸引了许多数学家的兴趣, 如欧拉、柯西 (Cauchy)、西尔维斯特和凯莱等都对其进行过研究. 后来, 数学家尼尔森 (N. Nielsen, 1865~1931) 称这两类数为 "第一类斯特林数" 和 "第二类斯特林数", 在组合分析、有限差分以及统计学中有重要的应用.

第一类斯特林数　k 个不同的元素构成 n $(n \leqslant k)$ 个圆排列的方法数, 也称为**斯特林轮换数**, 记为 $s(k,n)$. 第一类斯特林数根据正负性又分为**无符号**第一类斯特林数 $s_u(k,n)$ 和**带符号**第一类斯特林数 $s_s(k,n)$. 若不特意说明, 第一类斯特林数一般指无符号的第一类斯特林.

正如在 2.4 节所提到的, 第一类斯特林数也可描述为如下装盒问题: 用 n 个无区别的盒子装 k 个有区别的球 $(n \leqslant k)$, 使得无盒为空且球在盒中排成一个圆周的方法数.

基本关系式

- $s_s(k,n) = (-1)^{k+n} s_u(k,n);$
- $s_u(0,0) = 1;$
- $s_u(k,0) = 0;$
- $s_u(k,k) = 1;$
- $s_u(k,1) = (k-1)!;$
- $s_u(k,2) = (k-1)! \sum\limits_{i=1}^{k-1} \dfrac{1}{i};$

- $s_u(k, k-1) = C_k^2$;
- $s_u(k, k-2) = 2C_k^3 + 3C_k^4$;
- $\sum\limits_{n=0}^{k} s_u(k, n) = k!$;
- $s_s(k, n) = s_s(k-1, n-1) - (k-1)s_s(k-1, n)$;
- $s_u(k, n) = s_u(k-1, n-1) + (k-1)s_u(k-1, n)$.

普母函数

$$\sum_{n=0}^{k} s_s(k, n)x^n = x(x-1)(x-2)\cdots(x-k+1);$$

$$\sum_{n=0}^{k} s_u(k, n)x^n = x(x+1)(x+2)\cdots(x+k-1).$$

指母函数

$$\sum_{k=n}^{+\infty} s_s(k, n)\frac{x^k}{k!} = \frac{(\ln(1+x))^n}{n!};$$

$$\sum_{k=n}^{+\infty} s_u(k, n)\frac{x^k}{k!} = \frac{(-\ln(1-x))^n}{n!}.$$

第二类斯特林数　将一个 k 元集合划分成 n 个非空子集的方法数, 记为 $S(k, n)$, 也称**斯特林子集数**.

第二类斯特林数等价于装盒问题 7: 用 n 个无区别的盒子装 k 个有区别的球 $(n \leqslant k)$, 使得每个盒子至少装一个球的方法数.

基本关系式

- $S(0, 0) = 1$, $S(k, 0) = 0$ $(k > 0)$;
- $S(k, 1) = S(k, k) = 1$;
- $S(k, 2) = 2^{k-1} - 1$;
- $S(k, 3) = \dfrac{1}{2}(3^{k-1} + 1) - 2^{k-1}$;
- $S(k, k-1) = C_k^2$;
- $S(k, k-2) = C_k^3 + 3C_k^4$;
- $S(k, k-3) = C_k^4 + 10C_k^5 + 15C_k^6$;

- $\displaystyle\sum_{i=0}^{k} \mathrm{C}_n^i i! S(k,i) = n^k.$

通项公式 (见例 2.25)

$$S(k,n) = \frac{1}{n!} \sum_{i=0}^{n} (-1)^i \mathrm{C}_n^i (n-i)^k.$$

递推关系

$$S(k,n) = S(k-1,n-1) + nS(k-1,n);$$

$$S(k,n) = \sum_{m=n}^{k} n^{k-m} S(m-1,n-1).$$

普母函数

$$\sum_{k=n}^{+\infty} S(k,n)x^k = \frac{x^n}{(1-x)(1-2x)\cdots(1-nx)}.$$

指母函数

$$\sum_{k=n}^{+\infty} S(k,n)\frac{x^k}{k!} = \frac{(\mathrm{e}^x-1)^n}{n!}.$$

两类斯特林数之间的关系

$$\sum_{n=0}^{k} S(k,n)s_s(n,m) = \sum_{n=0}^{k} s_s(k,n)S(n,m) = \begin{cases} 1, & m=k, \\ 0, & m \neq k. \end{cases}$$

斯特林反演公式

$$f(k) = \sum_{i=0}^{k} S(k,i)g(i) \quad 当且仅当 \quad g(k) = \sum_{i=0}^{k} s_s(k,i)f(i).$$

5. 贝尔数 (装盒问题 11)

贝尔数 (Bell number) 是划分一个 k 元集合的方法数, 记为 B_k, 由数学家贝尔 (E. T. Bell, 1883~1960) 的名字命名. 传统上贝尔数被认为是贝尔在 1934 年所发展出的一般性理论成果, 后来发现在拉马努金遗留的笔记中也记录了对该组合数的研究, 比贝尔的研究早约 25~30 年. 贝尔数和斯特林数有着紧密的联系, 每个贝尔数都是第二类斯特林数的和. 贝尔数在概率论有重要应用.

易验证前几个贝尔数为

$$B_0 = 1, B_1 = 1, B_2 = 2, B_3 = 5, B_4 = 15, B_5 = 52, B_6 = 203, \cdots.$$

由定义可得贝尔数与第二类斯特林数的如下关系:

$$B_k = \sum_{n=0}^{k} S(k, n).$$

递推关系

$$B_k = \sum_{n=0}^{k-1} \mathrm{C}_{k-1}^{n} B_n.$$

通项公式

$$B_k = \left\lceil \frac{1}{\mathrm{e}} \sum_{n=1}^{2k} \frac{n^k}{n!} \right\rceil.$$

Dobiński 渐近公式

$$B_k = \frac{1}{\mathrm{e}} \sum_{n=0}^{\infty} \frac{n^k}{n!}.$$

de Bruijn 渐近公式

$$\frac{\ln B_k}{k} = \ln k - \ln \ln k - 1 + \frac{\ln \ln k + 1}{\ln k} + \frac{1}{2} \left(\frac{\ln \ln k}{\ln k} \right)^2 + O\left(\frac{\ln \ln k}{(\ln k)^2} \right).$$

Touchard 同余　对于任意素数 p,

$$B_{p+k} \equiv B_k + B_{k+1} \pmod{p}.$$

普母函数

$$\sum_{k=0}^{\infty} B_k x^k = \frac{1}{\mathrm{e}} \sum_{k=0}^{\infty} \frac{1}{(1-kx)k!}.$$

指母函数 (见 2.4 节)

$$\sum_{k=0}^{\infty} B_k \frac{x^k}{k!} = e^{e^x - 1}.$$

行列式

$$\begin{vmatrix} B_0 & B_1 & B_2 & \cdots & B_k \\ B_1 & B_2 & B_3 & \cdots & B_{k+1} \\ \vdots & \vdots & \vdots & & \vdots \\ B_k & B_{k+1} & B_{k+2} & \cdots & B_{2k} \end{vmatrix} = \prod_{i=1}^{k} i!.$$

贝尔三角

类似杨辉三角, 贝尔数可由一个三角形数表按如下方式递归生成, 其中第 i 行 (最上一行定义为第 0 行) 首项对应贝尔数 B_i; 第 i 行第 j 个数记为 $a_{i,j}$:

- $a_{0,1} = 1$;
- 对于 $n \geqslant 1$, $a_{n,1} = a_{n-1,n-1}$;
- 对于 $n, m \geqslant 2$, $a_{n,m} = a_{n-1,m-1} + a_{n,m-1}$.

贝尔三角的前七行如下:

$$\begin{array}{ccccccc}
1 \\
1 & 2 \\
2 & 3 & 5 \\
5 & 7 & 10 & 15 \\
15 & 20 & 27 & 37 & 52 \\
52 & 67 & 87 & 114 & 151 & 203 \\
203 & 255 & 322 & 409 & 523 & 674 & 877
\end{array}$$

6. 欧拉数 I

交错排列 (alternating permutation)　　n 元集 $[n] = \{1, 2, \cdots, n\}$ 的一个全排列 (置换) $\pi_1 \pi_2 \cdots \pi_n$ 满足: 当 i 为奇数时 $\pi_i > \pi_{i+1}$, 当 i 为偶数时 $\pi_i < \pi_{i+1}$. 直

观地说, 一个交错排列中的数从左至右呈大、小交错的模式, 即

$$\pi_1 > \pi_2 < \pi_3 > \pi_4 < \cdots.$$

反之, 若一个排列中的数从左至右呈小、大交错的模式, 则称它是一个**反交错排列** (reverse alternating permutation).

欧拉数 I (Euler number 或 Euler zigzag number)　$[n]$ 的所有交错排列的数目, 记作 E_n, 其中 E_0 定义为 1.

E_n 之所以称为欧拉数是因为欧拉最早研究了 E_{2n}. 由定义不难看出 $E_4 = 5$, 其所有五个交错排列为 $2143, 3142, 3241, 4132, 4231$. 此外, 由对称性不难看出 n 元集上所有交错排列的数目等于所有反交错排列的数目.

指母函数 (D. André)

$$\sum_{n=0}^{+\infty} E_n \frac{x^n}{n!} = \sec x + \tan x$$

$$= 1 + \frac{x}{1!} + \frac{x^2}{2!} + 2\frac{x^3}{3!} + 5\frac{x^4}{4!} + 16\frac{x^5}{5!} + 61\frac{x^6}{6!} + 272\frac{x^7}{7!} + 1385\frac{x^8}{8!} + \cdots.$$

由此公式易知, 指母函数 $\sum_{n=0}^{+\infty} E_n x^n/n!$ 的偶次项之和等于 $\sec x$, 而奇次项之和等于 $\tan x$. 因此, E_{2n} 也称为**正割数** (secant number), 而 E_{2n+1} 则称为**正切数** (tangent number).

渐近公式

$$\frac{E_n}{n!} = 2\left(\frac{2}{\pi}\right)^{n+1} \sum_{k=0}^{+\infty} (-1)^{k(n+1)} \frac{1}{(2k+1)^{n+1}}.$$

类似于卡特兰数, 欧拉数也与许多经典的组合模型的计数等价或密切相关. 例如, 单调增二叉树问题: 对于一个顶点标号为 $1, 2, 3, \cdots, n$ 的完全二叉根树, 若满足从根点出发的任何路其顶点标号都是单调增的, 则称它是一个**单调增二叉树** (increasing tree). 不难证明, $2n+1$ 个顶点的所有单调增二叉树的数目等于 E_{2n+1}.

交错排列可按如下方式自然地分类.

恩特林格数 (Entringer number)　对任意 $k \in \{1, 2, \cdots, n\}$, 第一个数为 $k+1$ 的所有 $n+1$ 元交错排列的数目, 记为 $E_{n,k}$.

由定义易知 $E_{n,n} = E_n$ 且

$$E_{n+1} = E_{n,1} + E_{n,2} + \cdots + E_{n,n}.$$

进一步地, $E_{n,k}$ 有以下递推关系式:

$$E_{0,0} = 1, \quad E_{n,0} = 0 \quad (n \geqslant 1), \quad E_{n+1,k+1} = E_{n+1,k} + E_{n,n-k} \quad (n \geqslant k \geqslant 0).$$

由 E_n 的指母函数不难证明 $E_{n,k}$ 的指母函数 (n 和 k 双指标) 为

$$\sum_{m=0}^{+\infty}\sum_{n=0}^{+\infty} E_{m+n,[m,n]} \frac{x^m y^n}{m!n!} = \frac{\cos x + \sin y}{\cos(x+y)},$$

其中

$$[m,n] = \begin{cases} m, & m+n \text{ 是奇数}, \\ n, & m+n \text{ 是偶数}. \end{cases}$$

7. 欧拉数 II

给定 n 元集 $[n] = \{1,2,\cdots,n\}$ 的一个全排列 $\pi = \pi_1\pi_2\cdots\pi_n$, 定义 π 的上升数 (ascent) 为

$$\mathrm{asc}(\pi) = |\{i : \pi_i < \pi_{i+1}\}|.$$

欧拉数 II(Euler number)　对于正整数 n 和 k $(n > k)$, 欧拉数 II 定义为

$$\left\langle {n \atop k} \right\rangle = |\{\pi \in S_n : \mathrm{asc}(\pi) = k\}|,$$

其中 S_n 为 $[n]$ 的所有全排列的集合.

欧拉数 II 的前几个如下表.

k	$\left\langle {1 \atop k} \right\rangle$	$\left\langle {2 \atop k} \right\rangle$	$\left\langle {3 \atop k} \right\rangle$	$\left\langle {4 \atop k} \right\rangle$	$\left\langle {5 \atop k} \right\rangle$	$\left\langle {6 \atop k} \right\rangle$	$\left\langle {7 \atop k} \right\rangle$	$\left\langle {8 \atop k} \right\rangle$	$\left\langle {9 \atop k} \right\rangle$	$\cdots$
1	0	1	4	11	26	57	120	247	502	$\cdots$
2	0	0	1	11	66	302	1191	4293	14608	$\cdots$
3	0	0	0	1	26	302	2416	15619	88234	$\cdots$

通项公式

$$\left\langle {n \atop k} \right\rangle = \sum_{i=0}^{k} (-1)^i C_{n+1}^i (k-i+1)^n.$$

基本关系式

- $\left\langle {n \atop 1} \right\rangle = 2^n - n - 1;$

- $\left\langle {n \atop 2} \right\rangle = 3^n - 2^n(n+1) + \dfrac{1}{2}n(n+1);$

- $\left\langle {n \atop 3} \right\rangle = 4^n - 3^n(n+1) + 2^{n-1}n(n+1) - \dfrac{1}{6}(n-1)n(n+1);$

- $\left\langle {n \atop k} \right\rangle = (n-k)\left\langle {n-1 \atop k-1} \right\rangle + (k+1)\left\langle {n-1 \atop k} \right\rangle;$

- $\displaystyle\sum_{k=0}^{n} \left\langle {n \atop k} \right\rangle = n!;$

- $\displaystyle\sum_{k=1}^{n} C_{k+x-1}^n \left\langle {n \atop k} \right\rangle = x^n$ (Worpitzky 等式).

类似于杨辉三角, 由上面第四个递推式可得欧拉数 II 的由数字和连线所成的三角形递推数表, 如下表, 其中第 i 行第 j 个元等于上一行与它连线的两个数分别乘以连线的权之后的和.

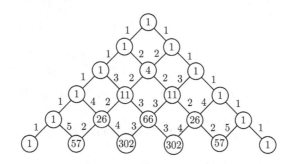

指母函数

$$\sum_{k=0}^{+\infty}\sum_{n=0}^{+\infty} \left\langle {n \atop k} \right\rangle \frac{x^n}{n!}\frac{y^k}{k!} = \frac{(y-1)\mathrm{e}^x}{y\mathrm{e}^x - \mathrm{e}^{xy}}.$$

欧拉多项式 (Euler polynomial)　对任意正整数 n, 称

$$A_n(x) = \sum_{k=0}^{n-1} \left\langle {n \atop k} \right\rangle x^k = \sum_{\pi \in S_n} x^{\mathrm{asc}(\pi)}$$

为欧拉多项式.

欧拉多项式有如下递推关系式

$$A_{n+1}(x) = (1 + nx)A_n(x) + x(1-x)\frac{\mathrm{d}}{\mathrm{d}x}A_n(x).$$

由此可得如下 Carlitz 等式

$$\frac{A_n(x)}{(1-x)^{n+1}} = \sum_{k=0}^{+\infty}(k+1)^n x^k.$$

8. 拉姆齐数

拉姆齐 (F. P. Ramsey, 1903~1930) 问题是类似于鸽巢原理的一个经典问题, 可通俗地表述为: 任意六个人中一定有三个人相互都认识或相互都不认识. 对一般情形, 拉姆齐于 1930 年在论文《形式逻辑上的一个问题》(*On a Problem in Formal Logic*) 中证明: 任意给定正整数 r 和 s, 只要人数不少于某一个特定数, 则一定有 r 个人相互都认识, 或有 s 个人相互都不认识. 显然这个特定数是唯一确定的, 称为拉姆齐数 $R(r, s)$. 用图论的语言叙述为: 一个顶点数不小于 $R(r, s)$ 的完全图的任意 "红-蓝" 边染色均包含一个 r 个点的红色完全图或一个 s 个点的蓝色完全图. 拉姆齐证明了 $R(r, s)$ 的存在性且 $R(3, 3) = 6$. 一个自然而有趣的问题是, 对于其他的 r 和 s, $R(r, s)$ 等于多少? 从 1994 年起,《电子组合》(*Electronic Journal of Combinatorics*) 杂志每隔两年左右实时更新拉姆齐数的最新结果, 下表是截至 2021 年所有已知的 $R(r, s)$ 的确切值或范围 (仅列 $3 \leqslant r, s \leqslant 10$ 范围内的).

从下表可以看到已确定的拉姆齐数并不多. 而要确定任何一个未知的拉姆齐数则是极其困难的, 其中最吸引人的当属 $R(5, 5)$. 下表告诉我们 $R(5, 5) \geqslant 43$, 但若要确定是否 $R(5, 5) = 43$, 则从枚举的角度需要验证 $2^{C_{43}^2} = 2^{903}$ 个染色图, 这从纯计算的角度显然是我们今天无法做到的. 据传, 匈牙利著名组合学家埃尔德什 (P. Erdös) 曾以一个形象的故事来描述确定拉姆齐数的难度: "想象有支外星人军队在地球降落, 要求我们告诉他们 $R(5, 5)$ 的值, 否则就要毁灭地球. 在这个情况下, 我们应该集中所有计算机和数学家尝试去找这个数值. 若他们要求的是 $R(6, 6)$ 的值, 则我们只能尝试毁灭这些外星人了."

(r,s)	3	4	5	6	7	8	9	10
3	6	9	14	18	23	28	36	40-42
4	9	18	25	36-41	49-61	59-84	73-115	92-149
5	14	25	43-48	58-87	80-143	101-216	133-316	149-442
6	18	36-41	58-87	102-165	115-298	134-495	183-780	204-1171
7	23	49-61	80-143	115-298	205-540	219-1031	252-1713	292-2826
8	28	59-84	101-216	134-495	219-1031	282-1870	329-3583	343-6090
9	36	73-115	133-316	183-780	252-1713	329-3583	565-6588	581-12677
10	40-42	92-149	149-442	204-1171	292-2826	343-6090	581-1267	798-23556

附录 3　经典组合恒等式

组合数学里有大量优美的等式, 在此我们仅列举若干有代表性的. 首先我们引入 q-Pochhammer 记号. 设 a, q, k, n 为任意非负整数. 记

$$(a;q)_0 = 1, \quad (a;q)_n = \prod_{i=0}^{n-1}(1-aq^i), \quad (a;q)_\infty = \prod_{i=0}^{\infty}(1-aq^i)$$

以及

$$\begin{bmatrix} n \\ k \end{bmatrix} = \frac{(q;q)_n}{(q;q)_k(q;q)_{n-k}}, \quad (a)_n = a(a+1)\cdots(a+n-1).$$

特别地, $\begin{bmatrix} 0 \\ 0 \end{bmatrix} = 1, (a)_0 = 1.$

1. 牛顿 (Newton) 二项式定理

$$\sum_{k=0}^{n} C_n^k x^k = (1+x)^n.$$

2. 朱世杰恒等式　设 n, k 为正整数. 则

$$\sum_{i=0}^{k} C_{n+i}^n = C_{n+k+1}^{n+1}.$$

3. 李善兰恒等式　设 n, k, l 为正整数. 则

$$\sum_{i \geqslant 0} C_k^i C_l^i C_{n+k+l-i}^{k+l} = C_{n+k}^k C_{n+l}^l.$$

4. 范德蒙德卷积恒等式　设 m, n, k 为非负整数. 则

$$\sum_{i+j=k} C_m^i C_n^j = C_{m+n}^k.$$

5. 欧拉恒等式　当 $|q| < 1$ 和 $|x| < 1$ 时,

$$\sum_{n=0}^{+\infty} \frac{x^n}{(q;q)_n} = \prod_{n=0}^{+\infty} \frac{1}{1 - xq^n}.$$

6. 高斯 (Gauss) 恒等式　当 $c - a - b$ 有正实部时,

$$1 + \sum_{n=1}^{+\infty} \frac{(a)_n (b)_n}{(c)_n} \frac{1}{n!} = \frac{\Gamma(c)\Gamma(c-a-b)}{\Gamma(c-a)\Gamma(c-b)},$$

其中 Γ 为伽马 (gamma) 函数.

7. 高斯定理

$$\sum_{r=0}^{2m} (-1)^r \begin{bmatrix} 2m \\ r \end{bmatrix} = (1-q)(1-q^3)\cdots(1-q^{2m-1}),$$

$$\sum_{r=0}^{2m+1} (-1)^r \begin{bmatrix} 2m+1 \\ r \end{bmatrix} = 0.$$

8. 欧拉定理　设 $|q| < 1, |t| < 1$. 则

$$\prod_{n=0}^{+\infty} (1 + tq^n) = \sum_{n=0}^{+\infty} t^n q^{\binom{n}{2}} \prod_{i=1}^{n} \frac{1}{1 - q^i},$$

$$\prod_{n=0}^{+\infty} \frac{1}{1 - tq^n} = \sum_{n=0}^{+\infty} t^n \prod_{i=1}^{n} \frac{1}{1 - q^i}.$$

9. 柯西定理

$$\sum_{n=0}^{+\infty} \frac{q^{n^2-n} z^n}{(q;q)_n (z;q)_n} = \prod_{n=0}^{+\infty} \frac{1}{1 - zq^n},$$

$$x^n = \sum_{k \geqslant 0} \begin{bmatrix} n \\ k \end{bmatrix} (x-1)(x-q)\cdots(x-q^{n-k-1}).$$

10. 柯西恒等式　当 $|q| < 1$, $|t| < 1$ 时, 有

$$1 + \sum_{n=1}^{+\infty} \frac{(a;q)_n}{(q;q)_n} t^n = \prod_{n=0}^{+\infty} \frac{1-atq^n}{1-tq^n}.$$

11. Grosswald-Carlitz-Gould

$$\sum_{k=0}^{2p} (-2)^{-k} C_n^{m+k} C_{n+m+k}^k = (-1)^p 2^{-2p} C_n^p,$$

其中 $n - m = 2p$.

12. 阿贝尔 (Abel) 恒等式 (赫尔维茨 (Hurwitz) 形式).

$$x^{-1}(x+y+na)^n = \sum_{k=0}^{n} C_n^k (x+ka)^{k-1}(y+(n-k)a)^{n-k}.$$

13. Dixon 恒等式

$$\sum_{k=-n}^{n} (-1)^k C_{n+b}^{n+k} C_{n+c}^{c+k} C_{b+c}^{b+k} = \frac{\Gamma(b+c+n+1)}{n!\Gamma(b+1)\Gamma(c+1)}.$$

14. 雅可比 (Jacobi) 三元积恒等式　当 $z \neq 0$, $|q| < 1$ 时, 有

$$\sum_{n=-\infty}^{+\infty} z^n q^{n^2} = \prod_{n=0}^{+\infty} (1-q^{2n+2})(1+zq^{2n+1})(1+z^{-1}q^{2n+1}).$$

15. Saalschütz 恒等式

$$C_r^m C_s^n = \sum_{k \geqslant 0} C_{m-r+s}^k C_{n+r-s}^{n-k} C_{r+k}^{m+n}.$$

16. Macdonald 定理

$$\begin{bmatrix} n+k \\ k \end{bmatrix} = \sum_{r=0}^{k} \frac{q^{nr}}{(q^{-1};q^{-1})_r (q;q)_{k-r}}.$$

17. Pfaff-Saalschütz 恒等式

$$C_{a+b}^{a+k} C_{a+c}^{c+k} C_{b+c}^{b+k} = \sum_{n \geqslant 0} \frac{(a+b+c-n)!}{(a-n)!(b-n)!(c-n)!(n+k)!(n-k)!}.$$

名词索引